U0627276

丛书主编 刘新民

# 智 力
## INTELLIGENCE

原 著 **Jonathan A. Plucker  Amber Esping**

主 译 **程灶火  周世杰**

译 者（按姓名汉语拼音排序）

柴黄洋子  程灶火  顾寿全

金凤仙  钱乐琼  孙 莉

唐颂亚  肖 晓  杨 娜

张嫚茹  周世杰

人民卫生出版社

Intelligence 101, ISBN: 978-0-8261-1125-8, Jonathan A. Plucker, Amber Esping

Copyright © 2014 by Springer Publishing Company LLC, New York, New York 10036. All Rights Reserved. The original English language work has been published by Springer Publishing Company LLC. No part of this publication may be reproduced, stored in a retrieval system, or transmitted in any form or by any means (electronic, mechanical, photocopying, recording, or otherwise) without prior permission from the publisher.

图字：01-2011-4508

**图书在版编目（CIP）数据**

智力/（美）乔纳森·A. 普拉克（Jonathan A. Plucker.）著；程灶火，周世杰主译.—北京：人民卫生出版社，2019

（心理学热点专题系列）

ISBN 978-7-117-28174-4

Ⅰ.①智… Ⅱ.①乔… ②程… ③周… Ⅲ.①智力学 Ⅳ.①B848.5

中国版本图书馆 CIP 数据核字（2019）第 033791 号

## 智　力

主　　译：程灶火　周世杰
出版发行：人民卫生出版社（中继线 010-59780011）
地　　址：北京市朝阳区潘家园南里 19 号
邮　　编：100021
E - mail：pmph@pmph.com
购书热线：010-59787592　010-59787584　010-65264830
印　　刷：中国农业出版社印刷厂
经　　销：新华书店
开　　本：850×1168　1/32　印张：5
字　　数：120 千字
版　　次：2019 年 3 月第 1 版　2019 年 3 月第 1 版第 1 次印刷
标准书号：ISBN 978-7-117-28174-4
定　　价：28.00 元

打击盗版举报电话：010-59787491　E-mail：WQ@pmph.com
（凡属印装质量问题请与本社市场营销中心联系退换）

# 心理学精品译丛翻译专家委员会

# 主译简介

　　程灶火，医学博士，临床心理学家，博士生导师，国务院政府特殊津贴专家，全国优秀精神科医师，江苏省中青年科技领军人才，无锡市名医、首席精神科医师。南京医科大学附属无锡精神卫生中心副院长、教授、主任医师，兼江南大学和皖南医学院教授和研究生导师。他的研究涉及诸多领域，尤其在心理测验编制和临床应用成就显著，代表性测验包括《华文认知能力量表》《多维记忆评估量表》《儿少主观生活质量问卷》《中国人婚姻质量问卷》《家庭教养方式问卷》和《百项心理症状问卷》等。主编出版多本专著或教材，如《实用短程心理治疗》《心灵解惑》《变态心理学》《轻松社交成就人生》《另辟蹊径——焦点解决短期治疗实践》《医学心理学》《智商测试》（心理学热点专题系列）和《临床心理学》等。担任中华医学会行为医学分会常委、中国心理卫生协会理事、中国医师协会精神科医师分会委员、中国心理卫生协会心理评估专业委员会委员、《中国临床心理学杂志》副主编、《中华行为医学与脑科学杂志》《中国心理卫生杂志》和《中国健康心理学杂志》编委。他主持完成多项国家和省级自然科学基金和社会科学基金课题，曾获得国家科技进步二等奖、原卫生部科技成果二等奖、湖南省科技成果一等奖和无锡市科技成果一等奖。

　　周世杰，临床心理学博士，中南大学心理学教授，研究生导师，《中国临床心理学杂志》编辑部主任。长期从事临床心理学教学、科研工作，主持和承担的课题主要有国家社会科学基金"十二五"规划课题"孤独症儿童的心理理论发展特点及认知行为干预研究"、湖南省自然科学基金资助项目"网络成瘾青少年网络行为特点及心理—社会风险因素研究"、湖南省自然科学基金资助项目"儿童学习障碍的认知心理学机制研究"等。以第一作者及通讯作者身份在国内外学术刊物发表学术论文80余篇。

# 原著简介

乔纳森·普拉克(Jonathan A. Plucker),博士,康涅狄格大学尼格教育学院教育学首席教授,从事教育心理学、教育管理与政策咨询等教学工作。曾担任印第安纳大学教育心理学与认知科学教授、美国天才儿童学会研究与评估分会主席、美国心理学会(American Psychological Association, APA)第 10 分会美学、创造和艺术心理学会主席。曾获得多项科学研究奖励,包括 美国天才儿童学会颁发的早慧学者与泊尔·托伦斯奖、美国心理学会第 10 分会颁发的柏林和阿恩海姆奖、门萨教育与研究基金会颁发的两项杰出研究奖。美国心理学会和美国科学进展学会的终身荣誉会员。普拉克博士受邀到世界各地做智力、创造力和天才等专题学术讲座,近来被中国、澳大利亚和美国等多所大学聘为访问学者。他是人类智力(历史影响、当前争议和教学资源)网站的创建者(www. intelltheory. com)。

阿姆伯·艾斯平(Amber Esping),博士,沃思堡得克萨斯基督教大学(Texas Christian University)助理教授,主要研究方向为智力理论和智力测试、存在心理学在学业情境和质性调查中的应用。她是普拉克博士创办的人类智力(历史影响、当前争议和教学资源)网站的合作主持人,2005 年被聘为该网站的合作主任(Co-director)。

# 主译序

　　人类智慧是一个古老、富有争议的话题。老子在五千字的《道德经》里所凝聚的智慧为世人称道，堪称《万经之王》，因此只有得道之人才具有至高无上的智慧。《老子》倡导的"知其雄，守其雌"、"知其白，守其黑"、"知其荣，守其辱"，皆是指从负面走向正面，达到伸展之目的。"去甚、去奢、去泰"、"守柔"、"处下"，亦是此意，目的在于"得道"。即知人者智，自知者明。

　　中国传统智慧体现了人与自然和谐的价值取向，人与社会关系的定位取舍，以及人对自我价值的深邃探求，是包藏宇宙之玄机，蕴含天地之精妙的大智慧。一个人拥有智慧，并懂得运用智慧，就能拥有一切。中国人有四大传统智慧：大道至简、大智若愚、有容乃大和上善若水，老子、孔子、姜子牙、诸葛亮、张子房、刘伯温、孙膑、商鞅和管仲等都具有此等智慧。然而这种大智慧是无法用现代科学智力测验测量的，目前所有智力测验只能测到做事和适应环境的能力（小聪明），测量不到谋事、做人的智慧，因此人们又试图测量人类情商，智商与情商的综合更接近人类智慧，更重要的是要从历史和文化视角去理解人类智慧的发展、智力理论和智力内涵。

　　普拉克教授所著的《心理学热点专题系列　智力》正是从历史和文化视角深入地分析了智力理论和智力定义的历史文化变迁，明确指出智力理论和定义是历史文化的产物，澄清了智力领域的诸多争议。书中提到不同历史时期著名学者的智力研究以及他们提出的智力理论，有助于我们了解智力研究的历史和现状。此外还提到智力的能力结构、遗传天赋和后天环境文化因素对智力发展的影响，以及智力研究结果的意义和误用，对我们正确理解和利用智力研究结果具有重要的指导意义。

感谢人民卫生出版社编辑和皖南医学院刘新民教授对本书所提的宝贵建议和精心编辑；感谢参与本书翻译专家的敬业精神及李平女士的精心校对；还要感谢家人的关心、支持和包容。此外，译稿可能存在瑕疵或错误，敬请读者包涵指正。

程灶火

2018 年 6 月于无锡

# 原著序

作为探索创造力和人类智力的研究者,随时会听到同事对这项工作的不同反应。一方面,我们会听到许多这样的评论:创造力如此有意义,为什么你还要去研究智力?另一方面,我们也会听到许多相反的评论:智力很有科学价值,为什么你不多花点去研究智力?

这些评论反映人们对人类智力研究存在两种截然相反的看法:祝福和诅咒。人们通常认为智力研究没有多大意义,至少不及其他心理构造有意义,也有人认为智力是一个严肃的科学命题,听起来好像我们定义的智力是一个"无聊的科学"命题。

说实话,在大学里首次接触这个命题时,我们的第一反应不是"哇,这太神奇了!"在读过几篇智力相关综述后(许多综述已附在本书的参考文献中),我们渐渐认识到智力不是一个无聊的科学命题,相反,有关智力的争议或诽谤却是荒谬的、无法容忍的。当我们了解重要的智力理论和研究后,再来看看现下的丑闻、性、足球和社会达尔文主义的争议以及人们对欺诈和卑劣手段的谴责,我们受到那些批评或指责又算得了什么? 让我们加入智力研究大军吧!

毕竟,在智力历史上有一个著名人物是南加州大学的第一个足球教练(译者注:戈达德,南加州大学的第一个足球教练,所著的《善恶家族:弱智的遗传研究》一书曾被德国纳粹翻译,用作支持屠杀犹太人的理论)。他作为世界上著名的心理学家之一,可能伪造过大量的智力数据,也可能没有伪造数据。在 20 世纪前半叶,德国纳粹分子把一本畅销的美国智力专著翻译成德文,用于证明他们屠杀犹太民族行径的合理性。现在研究者普遍认为 20 世纪后期有一本最畅销的智力专著充满错误和谬论,却依然畅销,并仍然被作为大学生的教科书。智力研究从很多方面反映了心理学和社会科学的历史,它常与社会重大发展和辩论相关。例如,智力测试在第一次世界大战中起了重要作用,有关移民政策的辩论也聚焦于智力,90 年代早期出版的有关智力的《钟形曲线》一书曾引发大量争议,引起全社会辩论。

当我们进入 21 世纪,遗传学研究和影像学技术的进展无疑会提出一些新问题,为新争议提供大量素材。人类智力这一命题将继续吸引和激发心理学家、教育学家、学生和公众的思考和争论,我们希望此书能把你带入这个阵营,让你成为这些对话的一方。

# 原著致谢

近几十年来,我们的智力观受许多学者的影响,尤其是雷蒙德·法切尔(Raymond Fancher),他是本书第一作者进入智力理论和研究领域的引路人,法切尔从事人类智力历史研究的方法对我们开展这个项目具有重要影响。我们也感激许多杰出学者多年来对各种智力问题投入的时间和所做的贡献,他们分别是凯米拉·本勃(Camilla Benbow),卡罗琳·卡拉翰(Carolyn Callahan),郝德森·卡特尔(Hudson Cattell, James McKeen Cattell 的孙子),杰克·康明斯(Jack Cummings),道斯(J.P. Das),道格拉斯·迪特曼(Douglas Detterman),卡罗·德维克(Carol Dweck),唐娜·福特(Donna Ford),霍华德·加德纳(Howard Gardner),考夫曼夫妇(Alan and Nadeen Kaufman),戴维·鲁宾斯基(David Lubinski),查理斯·默里(Charles Murray),杰克·奈格列芮(Jack Naglieri),乔·芮朱莉(Joe Renzulli),迪安·卡斯·西蒙顿(Dean Keith Simonton),鲍勃·斯腾伯格(Bob Sternberg)。他们无私为我们的工作提供信息和建设性建议、不时地与我们辩论、提供心理支持,使我们能继续研究智力,最终完成这本书。

此外,我们很庆幸结识一些人类智力研究领域的重要人物。雷蒙德·卡特尔(Raymond Cattell)、约翰·卡罗尔(John Carroll)和约翰·霍恩(John Horn)在生命最后时刻还为本书提了宝贵和独到的看法。卡罗尔教授和霍恩教授特别慷慨地把人生最后时光奉献给了智力研究,我们幸运地得到卡罗尔教授大量的书面信件和霍恩教授的长篇音像资料。这些资料反映了他们对智力的看法,热情地回答了他们著作中的相关问题。

本书多数资料是我们在给不同大学生上课的过程中积累起来的,学生们的反馈信息使本书内容更实用、结构更合理,我们真诚地感谢他们。

最后,我们要感谢 Springer Publishing Company 编辑南锡·黑尔(Nancy S. Hale),系列丛书主编詹姆斯·考夫曼(James Kaufman),他们为项目付出了惊人的耐心,对书稿反复修改,并赋予了本书生命。我们希望本书能向所有帮助我们的人汇报,我们没有辜负他们的付出。

# 目　录

# 第一章
# 智力的历史基石

在心理学中，任何概念都没有像人类智力这样复杂或充满争议。人类对智力的关注由来已久，在科学心理学正式建立前几千年，就有许多学者提出过不同的智力理论。虽然这些理论或许更多与哲学有关，但亚里士多德、苏格拉底和柏拉图等人的观点都有助于我们理解人类智力的本质。他们对能力起源、心身关系和一般研究方法等话题的观点持续影响其后几个世纪思想家们对智力的看法，也影响现代心理学和智力理论奠基者的思想。近两个世纪以来，哲学家、心理学家和教育学家们在古代思想家的基础上建立了各种智力概念和理论。

在所有社会科学中，智力是最具争议性的概念。毕竟，回答"什么是智力"这个基本问题对人类认识自己具有重要意义。智力是一种能力，还是一组能力？心理测量智力的种族差异和社会经济差异是先天效应，还是后天效应？智力是动态变化的，还是静止不变？人们对这些问题的回答各不相同，反映了他们对人、对己的看法，也反映了对学习和解决问题的方法的认识。本书的目的是向人们普及人类智力这个主题，同时谨慎地向人们呈现上述问题的各种可能答案。

## 一、本 书 结 构

在接下来的章节中，我们将介绍一系列重要的主题。在组织这些材料时，同样面临着许多困难，因为有太多的东西需要我们去讨论。如果详尽地论述需要数千页的篇幅,作为一本科普读物显然不合适,而且也会让读者感到枯燥无味,我们不会写这种书!我们选取了我们认为最有意义的材料,但不会面面俱到包含所有重要话题和所有智力故事[1]。

开篇,我们将系统叙述我们理解和研究智力这个主题的方法,第二章重点回顾一些智力定义。第三章将品读弗朗西斯·高尔顿爵士珍贵遗著,探索智力心理学研究的起源。第四章通过评述亨利·戈达德那毁誉参半的工作,考查智力研究对教育学和其他学科的影响。

本书第二部分重点讲述智力研究的近代进展。首先,我们将深入探讨智力是单一因素的,还是多层面的。其次对近期研究做最简要的概述,如人们对于智力如何影响人类行为的看法,智力研究对教育的重要意义。然后主要通过费林效应这一特殊现象来审视智力发展中先天效应和环境因素等问题。最后探讨智力与创造力和天赋等相关结构之间的关系。

本书将以未来几十年智力发展的一些设想结尾,书末罗列了一些推荐读物。本书关注的主题不是测验,至少不是与心理评估相关的技术和诸多理论问题。这些问题在相关著作中已有详细论述,尤其是考夫曼(A. S. Kaufman,2009)的《智商测试》(程灶火译,2013)。

## 二、历 史 视 角

你会发现每一章都是从历史视角出发,正是这一视角使我们首次接触到这个话题。在过去的二十年里,已有许多著作从其他视角探讨过智力这个话题,其中一些代表性著作已列入推荐读物。我们发现历史方法非常有意义,而且直截了当,并且这种视角在现有智力著作中很少采用。

有鉴于此，我们于20世纪90年代建立了自己的网站——人类智力：历史影响、当前争议和教学资源（www.intelltheory.com），建站以来一直关注历史主题。该网站以复杂图表为框架，系统展示了智力研究者之间的关系以及他们对智力研究所做的贡献。本书不打算重现图表框架，首先它因过于细致累赘，超出了本书的目的，其次图表适合虚拟情境。

当我们开始向网站填充资料时，图表仅覆盖六个不同时间段，本意是作为建站指南，不是刚性要求。例如，有些学者的工作跨越两个或多个时间段，如卡罗尔（John Carroll）；他的职业生涯主要处于当代探索时期，但人们印象最深的是他1993年的开创性工作，这项工作却属于现代发展时期。纵观历史，智力研究可分如下六个时代。

## 1. 历史基础

几个世纪以来，人类智力本质吸引着诸多学者，事实上，现代智力理论源远流长，至少可以追溯到公元前几世纪的亚里士多德和苏格拉底。例如，亚里士多德在区分天才和圣人时就预示将会出现智力是一种能力或多种能力的辩论，当时他将精神活动分为三类：理解、行为和产品。柏拉图（亚里士多德的老师）加入了智力的先天性或后天获得性的辩论，他当时问道："苏格拉底，你能告诉我，智力可教否？如果智力不可教，能通过实践获得否？如果实践或学习都不能增进智力，难道智力是天生的或通过其他方式获得的？"这种主要（但不限于）以哲学方法研究人类智力的历史大约持续了两千年，包含休姆（Hume，1711—1776，苏格兰的史学家、哲学家）、康德（Kant，1724—1804，德国哲学家）、史密斯（Adam Smith，1723—1790，英国哲学家、经济学家）和其他诸多学者的工作。

## 2. 现实基础

19 世纪，心理学开始从哲学、数学、生物学中剥离出来成为一门独立的学科，与此同时，智力研究也取得了显著的进展。在上述坚实历史基础之上，哲学家和心理学家为我们理解智力做出了卓越贡献。这一时期有两位重要人物提出了截然不同的智力发展观，他们是心理学家高尔顿（Francis Galton, 1822—1911, 英国探险家、优生学家、心理学家，差异心理学之父，也是心理测量学上生理计量法的创始人）和哲学家穆勒（John Stuart Mill, 1806—1873, 英国哲学家和经济学家），高尔顿的观点建立在他表哥达尔文《物种起源》的基础之上。

## 3. 伟大学派

19 世纪后期见证了心理学作为一门独立学科的成长历程，欧洲及后来美国主要心理学派的形成，加快了心理科学的发展。作为心理学重要焦点的智力研究也沿着类似的路线发展，尤其是冯特（Wilhelm Wundt, 1832—1920, 德国心理学家、哲学家）、卡特尔（James McKeen Cattell, 1860—1944, 美国心理学家）、霍尔（G. Stanley Hall, 1844—1924, 美国心理学家）和艾宾浩斯（Hermann Ebbinghaus, 1850—1909, 德国实验心理学家）等人的贡献。这期间最显著的进展是高尔顿和其他早期研究者在德国、英国和美国的卓越工作，尤其是卡特尔的工作。

## 4. 伟大学派的影响

伟大学派的弟子们开始研究智力，全世界发达国家的学派都构建了自己的研究计划，智力理论和实证研究也像雨后春笋般繁荣起来了。在这种大背景下，大量开创性智力研究开始了，包括比奈（Alfred Binet, 1857—1911, 法国实验心理学家、智力测验的创始人），推孟（Lewis Terman, 1877—1956, 美国心理学家），斯皮尔曼（Charles Spearman,

1863—1945,英国著名心理学家和统计学家,心理统计学的先驱),戈达德(Henry Goddard, 1866—1957,美国心理学家,优生学家),耶基斯(Robert Mearns Yerkes, 1876—1956,美国比较心理学家)及第一次世界大战期间的美国陆军测试团队的工作。

### 5. 当代探索

伟大学派和美国陆军测试团队研究计划的影响在许多年后依然存在。第一次世界大战结束到 20 世纪 60 年代后期是智力测验发展的黄金时期。在这一时期,现代统计学和测量学进展使标准化智力和成就测验成为多数西方国家的一种生活方式。另外,一些重要的智力理论和实证研究进展是由瑟斯顿(L. L. Thurstone, 1887—1955,美国心理学家)、韦克斯勒(David Wechsler, 1896—1981,美国心理学家)、吉尔福特(J. R. Guilford, 1897—1987,美国心理学家)、霍恩(John Horn, 1929—2006,美国认知心理学家)和卡特尔(Raymond Cattell, 1905—1998,英籍美国心理学家)等学者做出的。这些研究计划的显著特征就是采用心理测量学和统计学方法研究智力,与之后的研究有很大差别,更注重自己的理论定向和研究方法。尽管 g 因素理论在这一时期占主导地位,但多重智力理论也开始出现在瑟斯顿和吉尔福特的作品中。

### 6. 现代研究

在过去 30~40 年里,学界在智力理论发展中做出了几项重要贡献。当前智力理论和研究的趋势是构建更复杂的多元智力理论,不再强调用标准化测验测量智力。可靠的遗传学和神经学研究方法的出现正在开创一个全新的研究领域,同时研究环境因素、生物学因素和心理因素对智力的影响。20 世纪 80 年代的研究以加德纳和斯腾伯格的多元智力为标志。近 20 年来,学者们提出多种各具特色的理论,并不断研究和提炼,包括 PASS 理论和情绪智力理论。

20世纪90年代中期,一场激烈的争论表明,外界对心理测量理论和智力标准化测量方法已经衰亡的报道有点言过其实。

尽管这些时间段的确定已经达到既定目标(促进了对智力研究中心主题的理解),你会意识到智力研究的第七时代即将出现,我们将在本书最后一个章节探索这项研究及其应用。最近科学技术发展促使人们探索脑功能与特定认知功能的关系。我们预测现代研究将最终改变目前局势和更新概念,这个新的第七时代称之为当代研究,更加重视神经科学研究。智力研究的未来振奋人心,我们迫不及待地想看看接下来会发生什么!

**要点**

● 在心理学中,或许没有一个概念像人类智力这样深奥或富有争议。

● 智力研究进展与科学心理学发展相伴而行。

● 撇去当下,采用历史视角去研究智力可以帮助我们理解这一领域中看起来凌乱晦涩的发展内容。

**注释**

1. 我们发现吉尔福特的智力模型(SOI)引人入胜,因为它代表完全不同的智力理论研究方法。吉尔福特终身研究和修正他的智力模型,直到他去世,所以SOI模型可作为智力理论与时俱进、重复验证和不断修订的精彩案例。然而我们估计,SOI模型不是当今智力理论的主流,在近一个世纪中其他智力理论则更具影响力。如果我们在20世纪撰写这本书,吉尔福特的理论肯定在书中占重要位置。现在则不然,他的工作,包括汤姆森(Godfrey Thomson)等重要人物的工作都会被排除在外,使我们可以专注于那些最令人信服的智力研究和故事。同样,我们起初想专设一章讲述一些重要的智力纵向研究,但那将会使我们偏离主题太远,使内容变得杂乱无章。相反,我们在全书都会提到这些研究,并且鼓励感兴趣的读者去看更好的专著了解这些研究。

（柴黄洋子　程灶火　译）

# 第二章
# 智力定义

## 一、智力结构

在地球或宇宙任何地方都不存在"智力"这种东西。

这种说法听起来很奇怪，但不是为了标新立异。你只有了解人类智力这一基本事实，你才能体会心理学家研究这个飘忽晦涩主题时所面临的挑战。

考虑一下这种情形，假如你是外星人登陆地球寻找智慧生命，而不是在探寻智力本身，因为智力不是看得见的物体，或物理学家看得见和可测量的东西。相反，智力是一种虚拟的特质，其本质、起源和度量仅能通过间接方法推论。比如，假定智力起源于大脑，但却不是由脑内物质构成的，大脑只是智力赖以产生的器官；也不是起源于大脑的、能用精密仪器测量的客观物质。绝对不像其他物质简单用量具一量，就能说"你的智力有几斤几两"（Thorndike, 1997）。套用斯坦（Gertrude Stein）的话说"智力是非物质的存在"。

这种情况并不是智力所独有的，我们每天遇到许多这样的心理结构。"幸福"就是一个很好的例子，你用钱买不到幸福（尽管很多人尝试过），没有哪家商店货架上有"幸福"出售，你无法买到一盒"幸福"送给朋友作为生日礼物。

显而易见，我们都知道幸福是什么，对吗？从科学的角度来看，我们称之为幸福的东西可以通过一系列可以观察到的行为、情绪和态度来描述。这就是问题的根源之所在：这些心理结构是人为定义的，每个人的定义可能互不相同。许多心理学领域都涉及"结构定义"问题，包括创造

8

力与天赋，这些将在后面的章节中讨论。

由于智力是看不见、摸不着的东西，因此你和你的外星同伴只能基于可观察的智力行为寻找凡人智力表征或证据。比如，你们可以去寻找技术、高级社会结构、艺术与哲学成就或环境控制能力等证据评价人类智力。获得的这些证据将使你们得出地球人是否存在智力的结论，同时也可以初步判断人类智力的本质与高低。然而，这些判断可能与另一组星外来客的结论不一致，因为他们收集的证据与你们的证据不相同。比如，西方人认为环境控制能力是智力的表征，东方人认为与环境和谐相处才是智力的证据。

你们和另一组外星来客都能提出合理和有说服力的证据来支持各自的观点，这就是为什么智力理论领域一直存在争议和分歧的原因。像许多社会和行为科学关注的重要现象一样，人类智力是一种心理结构，更确切地说，是不同历史时期许多权威研究者提出的一组对立和互补的心理结构。将多个相互独立的、可度量的特质和属性集合在一起，形成了一个可测量的、多层面的、虚拟的抽象概念表征，这就是所谓的心理结构（Thorndike，1997）。在星外来客的隐喻中，我们有两种智力结构：一个是你们寻找的特定智力表征或证据群；另一个是他们寻找的略微不同的表征和证据群。

然而星外来客对智力的隐喻过分简单化。在现实生活中，创建一种智力结构是一项技术性很强的尝试，必须基于测量理论（Stevens，1946）和心理测量科学（即测量心理活动）。关键是定义的心理结构（概念）必须具有重要的理论意义和应用价值，智力也不例外。如果两个研究者用完全不同的方法定义智力，那么他们的研究就可能产生矛盾的结果。当研究结果互相矛盾时，他们常常怒发冲冠、咬牙切齿，我们总是感到惊讶或疑惑，为何他们不先检查每个研究团队对实际研究问题的操作定义,反而跳过比较结果的逻辑检查?

## 二、智力定义

智力定义(操作定义或个人定义)不同于智力结构。心理结构是专业化的、精心雕琢的,并经严格理论考量和实证检验的(Kaufman,2009;Thorndike,1997)。智力个人定义是比较宽松的,只是不同理论家对智力结构编写的简洁的、提纲式的注释版本。这些操作定义非常有用,其陈述简单明了,让人很快明白不同理论家的智力观点。此外,这些陈述通常包含理论家确认智力的表征依据。这是智力结构概念找不到的东西,你从后面章节可以得知,这是目前和将来争议的主要领域。

智力个人定义之所以管用还有一个理由,它们有时包含重要背景线索:包括智力理论演变的总体概况,不同时代理论家的先验价值观和假设依据,广义世界观与特定理论家研究工作的交互影响(Kuhn,1962/2012),有时也能从人类智力定义发现理论家个人成长史的印迹。比如优生学家[1],高尔顿爵士,他对高智商人群的识别和生育特别感兴趣,在他的著作中把这些人称为天才(genius)。并且他解释了"天才"一词的涵义:

"天才"指能力特别高,而且是天生的。他曾试图把这种解释作为新词加入《约翰逊词典》,即"精神力量或能力,具备这种先天素质的人能够胜任某些特殊职业,先天的,素质性的。"所谓天才就是具有卓越能力的人……无疑天才(Genius)就是天生聪敏(natural ability)的代名词(Galton,1892,pp.vii-ix)。

严格地说,高尔顿不是对每个人的智力都感兴趣,仅对天才感兴趣。这本身是一项很有意义的和示范性的研究，高尔顿关注天才从某个侧面反映了他的时代精神，主要受他表兄达尔文著作的影响。从高尔顿呼出的气体中都能闻到遗传的重要性。下面我们简要回顾高尔顿最著名的作品《遗传的天才》（可以说是智力的第一个心理学研究）。

高尔顿急于宣布他的观点——与一般看法是相矛盾的。另一方面，我们相信支持高尔顿不成熟观点的公众与反对意见旗鼓相当，这种情况下，科学调查支持公众的偏见。像牛顿这样的人必然为智力超群的父母所生，尽管他们没有载入史册的事迹。普通父母所生之子不可能发现万有引力定律，车夫后代最多只能赢得德比赛马（Atlantic Monthly, 1870, p.753）。

高尔顿个人成长史也可能影响他的天才定义。不管采用何种客观评价标准，高尔顿都是一个非常成功的人士；事实上，后人都认为他是天才（Simonton, 2009）。然而，他的自传作品表明，尽管他努力使自己做得更好，却从来没有完全达成自己的学术期望。高尔顿认为天才发展必须根据遗传过程去理解，考虑到他成长经历和社会对遗传的态度，高尔顿得出这结论并不令人惊讶（Fancher, 1985; Simonton, 2009）。我们从下章可得知，这并不是他实证研究发现的必然解释。虽然他把许多重要发现归功于追随他的智力研究者的工作，然而毫无疑问先验假设使他不敢承认非遗传机制在智力发展中的重要性。定义显然非常重要，它们能告诉我们许多定义创造者鲜为人知的故事。

## 三、定义实例

在这里援引吉布森法案或许有点夸张（对于每个博士而言，都有一张形式相同、意义不同的博士文凭）[2]。因为有关人类智力有许多公认的思想流派，要说智力领域那些持哲学异见者永远找不到共识也是不公平的。此外，我们应该清楚现在有很多方法将人类智力概念化。例如，下列三个人类智力定义中，每个定义在当时都是有用的、有影响力的，且有实证研究或理论验证。

在我们看来，智力是一种基本能力，智力改变或缺陷对现实生活至关重要。这种能力主要是判断力，其他的可称之为感知力、实践能力、创造力、环境适应力。一个人如果缺乏判断力可能就是个傻瓜或白痴；若有良好的判断力，他便永远不会是傻瓜或白痴。事实上，其他智力与判断力比较似乎显得无关紧要（Binet & Simon，1916/1973，pp.42-43）。

智力操作定义——认为它是广泛而多样的心理成套测验所测量的一般因素（g因素），我们不得不认为g因素（表示一般智力假设结构的符号，从事各种心理活动都必需的一般能力或潜能）在"现实生活"中极其重要，在所有标准化智力测验或IQ测试中，g因素解释的方差比例最大，同样这个g因素在学业成就测验中也占据最大的方差（Jensen，1979，pp.249-250）。

我把"智力"定义为人们在其所处的社会文化环境中实现人生目标所需要的技能，这些技能体现在善用自己优势以及补偿或纠正自己的劣势（R. J. Sternberg，个人通信，2004-07-29）。

我们在这里可以看到智力有多种定义，如运用判断能力（Binet，1916），测验分数间的数学关系（Jensen，1979）和在特定环境中善用优势以及补偿或纠正劣势的能力（R. J. Sternberg，个人通信，2004-07-29）。这些定义说明文献有关人类智力观点之多，也让我们了解到学者们对于智力看法的历史发展。

在结束此章之前，我们简要介绍几个已故和健在杰出智力学家提出的智力定义。这些定义虽然不全面，但可了解该领域的大概情况。因篇幅所限，我们不能对这些理论家所做的工作展开讨论。另外，我们收集这些定义是想让你明白人类智力是一个引人入胜且复杂的主题，并借此为下面章节中要讨论的重要问题做一个铺垫。

## 四、已故心理学家的智力定义

### 1. 高尔顿（Fancis Galton，1822—1911），英国心理学家

"天才"指智商特别高，而且是天生的。他曾试图把这种解释作为新词加入《约翰逊词典》，即"精神力量或能力，具备这种先天素质的人能够胜任某些特殊职业，先天的，素质性的。"所谓天才就是具有卓越能力的人……无疑天才（Genius）就是天生聪敏的代名词（Galton，1892，pp.vii-ix）。

### 2. 比奈（Alfred Binet，1857—1911）和西蒙（Theodore Simon，1873—1961），法国心理学家

在我们看来，智力是一种基本能力，智力改变或缺陷对现实生活至关重要。这种能力主要是判断力，其他的可称之为感知力、实践能力、创造力、环境适应力。一个人如果缺乏判断力可能就是个傻瓜或白痴；若有良好的判断力，他便永远不会是傻瓜或白痴。事实上，其他智力与判断力比较似乎显得无关紧要（Binet & Simon，1916/1973，pp.42-43）。

### 3. 斯皮尔曼（Charles Spearman，1863—1957），英国心理学家

有关预估智力的问题，指导原则一直未能做出"什么心理活动最适合称作智力"的先验假设。总而言之，当下目标是实证检验哪些心理能力最适合充当这个角色，确定它们之间的关系以及与其他功能的关系（Spearman，1994，pp.249-250）。

**4. 戈达德（Henry Herbert Goddard，1866—1957），美国心理学家**

人类行为的主要决定因素是我们称之为智力的心理过程；这个过程受制于先天的神经机制；神经机制达到的效率水平与个体智力等级，或心理水平是由某种父母生殖细胞组合构成的染色体决定的；智力几乎不受后天因素的影响，除非发生重大事故造成部分神经机制的损伤（Goddard，1920，p.1）。

**5. 耶基斯（Robert Mearns Yerkes，1876—1956），美国心理学家**

智力是一组复杂的相互关联的功能集合体，其中没有任何一项功能全面而精确地为人类所知（Yerkes，1929，p.524）。

**6. 推孟（Lewis Terman，1877—1956），美国心理学家**

智力是以抽象概念进行思考的能力（Terman，1921，p.129）。

**7. 伯特（Cyril Burt，1883—1971），英国心理学家**

首先，智力是一种理智特质，不是感情或道德特质，在测量智力时，我们尽量排除儿童热情、兴趣、勤奋等因素的影响。其次，智力是一般能力，这种能力参与儿童说话、做事或思考等所有心理活动，几乎所有行为都需要智力参与，某些有限或特殊能力缺陷，如说话或阅读、学习或计算能力缺陷，本身不一定是智力缺陷的表征。再次，智力被定义为一种与生俱来的能力，因此，智力缺陷不一定是教育知识和技能缺乏所致（Burt，1957，pp.64-65）。

**8. 韦克斯勒（David Wechsler，1896—1981），美国心理学家**

智力是个体有目的行动、理性思考和有效适应环境的聚合或综合能力（Wechsler，1944，p.3）。

**9. 艾森克（Hans Eysenck，1916—1981），英国心理学家**

如果我们能从现有文献推导出一种智力模型，可能就是斯皮尔曼 g 因素与瑟斯顿基本能力（归入心理过程和测验材料）的组合，或者将 IQ 分解为速度、持久性和错误检核，这就是目前所能得到的最好解释（Eysenck，1979，p.19）。

**10. 延森（Arthur Jensen，1923—2012），美国心理学家**

智力操作定义——认为它是广泛而多样的心理成套测验所测量的一般因素（g 因素），我们不得不认为 g 因素（表示一般智力假设结构的符号，从事各种心理活动都必需的一般能力或潜能）在"现实生活"中极其重要，在所有标准化智力测验或 IQ 测试中，g 因素解释的方差比例最大，同样这个 g 因素在学业成就测验中也占据最大的方差（Jensen，1979，pp.249-250）。

**11. 霍恩（John L.Horn，1928—2006），美国心理学家**

通常将智力分为两种一般智力，即流体智力（fluid intelligence，Gf）和晶体智力（crystallized intelligence，Gc）。这两种智力在发展过程中既相互独立，又相互影响。一方面，某些影响因素直接影响生理结构，生理结构又影响智力进程的构建，其影响机制是受遗传和损伤因素操纵的，这些都准确地反映在流体智力测量中。另一方面，影响因素仅通过学习和文化潜入等间接地影响生理结构，晶体智力是这些影响因素所致个体差异的最直接结果（Horn & Cattell，1967，p.109）。

**12. 卡罗尔（John B. Carroll，1916—2003），美国心理学家**

认知能力的三层次理论是对前人理论的扩展和延伸。它指出各种认知能力既存在个体差异，又存在相互关联。它提出认知能力存在许多显著个体差异，并按其关系将认知能力分成为三个不同层次：第一层，狭义能力；第二层，广义能力；第三层，一般能力（Carroll，1997，p.122）。

## 五、当代杰出心理学家的智力定义

### 1. 道斯(Jagannath Prasad Das,1931— ),加拿大心理学家

智力是所有认知过程的总和。可以将它细分为计划、信息编码和注意唤醒(Das,个人通信,2004-11-24)。

### 2. 迪特曼(Douglas K. Detterman,1942— ),美国心理学家

定义智力不是一件简单的事情,而是一件相当困难的事情。因为任何与智能或智力相关的词语都可能被普通用法所沾污,像傻瓜(moron)、白痴(idiot)、低能(imbecile)(这些现在已不再使用,但以往用来表示最严重的精神残疾)等词语开始都作为科学术语使用,但渐渐被普通用法所沾污……所以我想最好的办法是像一般智力或 g 因素一样对这些词语给出明确定义,哪里有数学定义,哪里就有结构的解释……那就是,我们可以按在心理测验中的相关性定义 g 因素(一般智力),然后试图用理论与实证检验解释 g 因素。我所做一切的主要目的就是试图理解 g 因素,我认为 g 因素是心理能力的主要成分(Detterman,个人通讯,2002-08-23)。

### 3. 加德纳(Howard Gardner,1942— ),美国心理学家

智力是解决问题或创造产品的能力,这些产品在一种或多种文化情境中都是有价值的(Gardner,1983,p.x)。

### 4. 考夫曼(Alan S. Kaufman,1944— ),美国心理学家

韦克斯勒说过"人类存在 g 因素,或许存在两种主要因素,我们称之为言语智力和非言语智力。"现在我认为测量更广泛的系列能力更有意义,其数目可能是 4 种、5 种、6 种或 7 种,按韦氏的观点,要测量所谓的智力,情况可能还要复杂。如果为准确满足某种理论测量几种狭义

能力，我想这不是聪明人所做的事情，应该以更复杂的方式思考这个问题，所以我们不应该为因子纯度而奋斗。我们只是用因素分析结果支持我们的量表，事实上人们也是这么做的，而且我们有意使我们的量表不纯，使其与人的内心世界相匹配，以一种更复杂的方式接近人的内心世界（Kaufman，个人通信，2004-07-31）。

5. **西蒙顿**（Dean Keith Simonton，1948— ），**美国心理学家**

我的智力观基本上是达尔文的观点，基于老功能主义学派的观点，这种观点可以追溯到高尔顿的看法，即智力是个体适应环境和改造环境的一组认知能力，包括记忆和提取及解决问题等认知能力，一群使人们成功地适应各种环境的认知能力（Simonton，个人通信，2003-07-05）。

6. **斯腾伯格**（Robert Sternberg，1949— ），**美国心理学家**

我把智力定义为人们在其所处的社会文化环境中实现人生目标所需要的技能，这些技能体现在善用自己优势以及补偿或纠正自己的劣势（Sternberg，个人通讯，2004-07-29）。

7. **本勃**（Camilla Benbow，1956— ）**和鲁宾斯基**（David Lubinski，1953— ），**美国心理学家**

智力在其顶层有个一般因素（g因素），它能解释人类智力个体差异的半数变异，且人们以不同名称命名这种智力，如高级智力、一般智力、g因素等。此外还有许多较小的特殊能力或特殊因素，这些特殊因素涉及空间推理、言语推理、数量推理等。在此之后还有更小的具体能力（David Lubinski，联合采访Camilla Benbow时的讲话，2003-07-23）。

**要点**
- 智力是一种心理结构，定义心理结构具有重要意义。
- 著名研究者和理论家以许多不同方式定义智力，这有助于我们理解他们的工作。

**注释**

1. 优生学研究者主要关注智力谱的低端，试图理解智力低下的原因和后果，避免他们把遗传缺陷传递给后代，以预防智力低下的发生。在下章你会看到戈达德等优生学家的研究和观点。

2. 这个定律服从牛顿第三定律（每个作用力都有大小相等、方向相反的反作用力）。它被首次用于公共关系，最初指法庭上控辩双方的专家证词（Proctor, 2001）。

**（张嫚茹　程灶火　译）**

# 第三章
## 智力研究起源：高尔顿案例

欢迎访问"天才婚配网站"！

我们非常高兴您选择我们的约会服务网站。我们有独特的方法对那些年轻的天才男女进行婚姻匹配。参与规则很简单：您只需参加我们的天才甄别测试，或给我们一份完整家谱优秀人物名单。收到您的资料后，我们将查阅我们的《天生贵族宝典》，在您所在区域为您寻找一位单身育龄才子佳人，不过我们不能确保您会喜欢这位绝配天才。请您相信，选择我们意味着您正在做一件具有社会责任感的事情，如果您与另一个天才结婚生子，您是在帮助增加世界上天才人数。这是一件利人利己的事情！

这项服务是完全免费的。

我们鼓励非天才男女实施节育。如果您是一个普通人，请支持我们这项服务，通过慈善捐款帮助天才大家庭养育子女。有意节育者或想为当地天才家庭捐款者，请登录 www. Intelltheory. com/geniusmatch 了解相关信息。

显而易见，这则广告完全是我们杜撰的，也不存在天才婚配网站（GeniusMatch.com）。这项约会服务只是我们开的一个玩笑，其真实主张是18世纪中期英国心理学家高尔顿爵士（1822—1911）在多家出版物上提出的。你可能会惊讶高尔顿竟然会提出这样的主张，当时他用智力测验来识别那些育龄未婚的潜在天才青年，指导他们婚配生子。上述讽刺性广告中的《天生贵族宝典》和激进慈善定义也是高尔顿提出来的。幸运的是后人并未接受他的天才婚配建议，但他的智力测验概念却流传了下来。除了智力测验，高尔顿还有一些其他卓有成效的思想，当代智力理论与测试都归功于他的恩赐。本章我们将探讨他的一些重要贡献。

## 一、高尔顿在智力理论与测验方面的贡献

高尔顿爵士是一位博学人士。在心理学研究之前，他已在诸多领域取得了卓越成就。高尔顿首先是位非洲探险家、旅行作家和英国皇家地理学会会员（Galton，1851，1853a，1853b）。他创造了第一个现代气象地图，建立了高低压交替系统的气象理论（Galton，1861a）。这些努力为高尔顿最重要的工作奠定了基础，而且在中年期为智力理论与测验的发展作出了巨大贡献，其中主要贡献包括相关系数等统计学概念（Galton，1894）、寄养家庭（Galton，1869）和双生子研究（Galton，1875）等方法学进展，并发明了问卷研究法（Galton，1874）。他还首次用"先天与后天"这两个术语概括遗传和环境在人性塑造中的相对作用（Galton，1874）。高尔顿是遗传决定论的坚定拥护者，通过家谱研究来证明天才是由生物学因素决定的。高尔顿创建"优生学"描绘他的乌托邦愿景，那就是通过选择性繁殖创建一个人类优良品种。智力测验概念就是从优生学应用中衍生出来的（Galton，1883）。

### 1. 达尔文和物种起源

1859年，高尔顿读了他的表兄达尔文发表的《物种起源》，立刻就被进化论迷住了。他曾是研究文化族群间心理差异的专家，他的种族中心主义观点也不同于维多利亚时代其他许多英国探险家（Galton，1861b；Fancher，1983，1985）。此外，达尔文范式-遗传观点为思考这些感知心理趋势提供了一种新方法。进化论提醒高尔顿，心理差异可能与大脑和神经系统的种族遗传特性有关。随着时间推

移，自然选择会确保对人类经验有积极贡献的微小遗传变异在特定人群中变得更加普遍，与动物王国身体特性的自然选择进程同步。因此，他推断，通过计划生育可控制人类进化的方向和速度（Fancher，1983，1985）。

手持达尔文生物进化理论当令箭，高尔顿开始寻找天才遗传论的证据。1865年，他发表了一篇题为"遗传天赋与性格"的文章，在这篇文章中，他对名人传记词典进行统计调查，试图以实证法证明天才会世代相传。虽然承认天才遗传法则还不能被科学界理解，但他尽可能摒弃环境因素对他所确认的特征的影响。这项工作持续了4年，随后发表了《遗传的天才：遗传法则与后果调查》一书。这本书的推理思路与早期论文相同，但调查规模更大，调查了300个家庭1000名杰出人物。高尔顿的统计分析显示杰出人物有世代相传的趋势，并且这种趋势与某些躯体特征相类似，如高个子，现已证实这些特征受遗传影响。这本书还利用民族、种族和国家的比较，试着去提供附加证据以证明遗传的心理特征对社会有重大影响（Fancher，1983，1985）。

尽管遗传性天才研究有许多瑕疵，但却是一项不朽的贡献，它是第一项重大的天才实证研究（Forrest，1974；Simonton，2009），并且为后世对杰出人才发展史感兴趣的研究者搭建了平台[1]。

### 2. 优生学

达尔文进化论提醒高尔顿，可以利用自然选择法则有目的地引导人类进化历程。1883年，他自创"优生学"（eugenics，源自希腊语 eu 和 genos）描述这种发展进程。提倡优秀人才多生子女和劣质人群节制生育，这样最有利于社会发展。这种观点不是高尔顿首次提出的，柏拉图在其《理想国》的构想中就提到这种观点，当属现代优生学的先驱者（ca.380 BCE）。然而，高尔顿首次用科学原理建议以制度确保优生目标的实现。

高尔顿的愿景大致如下，人们应该鼓励高智商青年男女通婚、多生孩子；随着时间推移，普通人群中高智力人种将会成倍增加。高尔顿希望英国政府通过行政手段推进此项进程，即创建一个高智商的未婚男女人才库，类似于"天生贵族宝典"，可以供青年天才寻找高智商伴侣（1873，p.125）。在他的完美世界构想里，英国女王本人应放弃做这种婚姻中的新娘，并从国库支付5000英镑赠予每对遵守优生法则的夫妇作为结婚礼物（Galton，1865）。最终，人们根本不需要这种干预，因为想结婚的青年天才自然会彼此寻觅（Galton，1873）。同时，不鼓励普通人或弱智者生儿育女。高尔顿希望普通民众明白优生学的好处，主动放弃生育孩子。并且把自己不抚养孩子节省的资金捐赠给那些天才家庭，帮助他们养育天才子女。通过这种方式，他从根本上重新定义慈善概念。他还建议传统慈善机构应限于那些愿意践行计划生育的家庭（Galton，1873；Fancer，1983，1985）。

### 3. 智力测验概念

高尔顿提出以智力测验概念作为实现优生学理想的一种途径。他认为"天生贵族宝典"的概念并不理想，因为高尔顿用以识别天才的智力卓越性状要到中年才会显现出来，因此需要用一种方法在人们结婚生子前识别那些潜在天才。

为开发能甄别年轻天才的智力测验，高尔顿转向人体测量学，字面含义为人类心理和体能测量。在他看来人们通过感官获取信息，感官敏锐者必然有高效的神经系统。因此，他推断智力必定在神经效率测量中显现出来。他创造了一系列测验测量反应时、感知敏感度、运动控制力等心理特质（Galton，1885a，1885b；Fancher，1983，1985；Kaufman，2009；Simonton，2009）。这些人体测量实验是编制科学智力测验的首次尝试（Kaufman，2009）。

高尔顿的数据采集策略非常绝妙。他不是浪费时间招募研究被试者到他的实验室，而是把实验室搬到被试者面前（Simonton，2009）。1884年，他在伦敦国际健康展览馆开设了一个心理测量商店，民众只要付3便士就可接受测验，拿到一份测试结果报告单。在6年时间里，有9000名不同年龄的民众在高尔顿的实验室里接受测验，高尔顿由此获得一个非常大的样本，使他成为第一个系统研究普通人群个体差异的科学家（Fancher，1985；Gould，1981；Kaufman，2009）。正是基于这些样本，他还创建了考量不同变量间关系强度的方法，促进了统计学的发展。他的学生皮尔逊（Karl Pearson，1857—19361）进一步完善了他的方法，并且将其发展成现代的相关系数，现已成为许多科学领域的基本统计工具。

高尔顿的人体测量法传到德国冯特的心理学实验室，引起一位美国研究生卡特尔（James McKeen Cattell，1860—1944）的关注。卡特尔对高尔顿的工作印象深刻，决定去伦敦做两年访问学者。1888年，他带着人体测量数据回到美国，人体测量学也因此走到了尽头。卡特尔的研究生韦斯莱（Clark Wissler，1870—1947）在他的博士论文研究中发现，卡特尔的人体测量变量与其他反映智力高低的外部效标测量（如大学平均成绩）之间没有任何有意义的相关性（Wissler，1901；Kaufman，2009）。在韦斯莱博士研究期间，人体测量是智力测验的主要研究范式。在韦斯莱研究结果发表后，心理学界逐渐对心理物理测试失去兴趣，转而支持由巴黎比奈（Alfred Binet，1857—1911）和西蒙（Theodore Simon，1873—1961）编制的更富有成效的心理测试方法。

## 二、高尔顿的简短心理传记

早期传记作家经常暗示高尔顿视自己为天才，这种虚荣可能是他对这个主题有专业兴趣的动力之一（Forrest，1974）。最近又出现了另一种观点。高尔顿之所以热衷于用严格的遗传学术语解释天才的起源，部分源于他对自己不愉快心智成长经历解释的需求，而不是一种颂扬自己成就的冲动。这是心理历史学家范切尔（Raymond Fancher）提出的论点。他把高尔顿的著作描述为"心酸自传"，而不是"自我炫耀"（Fancher，1985，p.25；也见 Fancher，1983，1998）。

高尔顿是达尔文的表弟，出生于同样富裕、受尊敬的英国家庭。他是一个早熟的孩子，兴趣广泛，具有过目不忘的非凡记忆力。他的家人对这些智力感到非常自豪，并预言他将来定有非凡的学业成就。高尔顿的姐姐常年生病，时间充裕，高尔顿成了她的特别关注对象，高度关注他的教育。他确实没有令他们失望，家人很快相信他将是父系血脉中第一个获得大学文凭的人，也将是家族里第一个在大学取得特殊荣誉的人。小高尔顿背负着这些沉重期盼，童年期就立誓今生最想得到的东西就是大学荣誉。刚满5周岁时，他就开始攒钱，力争获得这些荣誉。整个童年，他的家人都在不断地提醒他有非凡的才能，他开始相信这就是他的人生目标——成为与众不同的人。随着年岁增长，高尔顿有意识地培养这种特征，他通过树立崇高学术目标和在著名知识竞赛中寻求显著成功，以此证明自己与众不同（Fancher，1983，1985，1998）。

陷入预先设置的伟人陷阱是这个小孩最大的悲哀，溺爱的家人提供的早期教育从不关注正确的事情。这种教育确实取得了某些戏剧效果，高尔顿6岁时就给客人阅读莎士比亚著作，8岁开始就读于管理严格的英国寄宿学校时，却未表现出竞争者应有的素质和自律性。虽然他最初与年长学生同班就读，但很快就被降级。各种小侮辱随之而来，他不再是众人期望的学业明星，他发觉自己只是一个"平庸的书呆子"。日记与信件中反映了他对一连串惩罚性作业的烦恼和不能出人头地的软弱借口（Fancher, 1985, p. 22）。不过，他依然保留着童年期要证明自己优秀的抱负，到青春期，他的好胜心清楚地反映在他给父亲的信件中。信中显示他把敏锐的目光聚焦于其他同学的智力优点和弱点，把所有同学视为自己的竞争对手（Fancher, 1985）。

出师不利对高尔顿的大学梦来说不是一个好兆头。18岁考入剑桥大学时，他开始意识到获得古典文学荣誉的机会很渺茫，但是他仍然很乐观，觉得可以在其他领域获得荣誉。从他姐姐的信件中可以发现家人对他的信心并未动摇，"父亲一直幻想你会变得很聪明，你肯定能超越你的表兄"（Galton, 1840）。高尔顿在大学考试中从未取得足以获得荣誉的高分，有一段时间，这种失望使他陷入严重的情绪危机。1843年毕业时，他只获得一个普通的非荣誉学位，1844年，他完全放弃正规教育，继承了父亲的遗产，所有幻想都成了泡影。

此后许多年，高尔顿凭借财富庇护，漫无目的地四处飘荡。他游山玩水欣赏异国情调，磨炼枪法技能，玩热气球运动。因一直走不出大学经历的创伤阴影，他最终求助于专业颅相学家，颅相学家认为他的头形不适合做学问。这位颅相学家很可能了解高尔顿的背景资料，他告诉来访者，他的大脑适合实践型主动性职业生涯。这次颅相检查成为高尔顿人生的正性转折点；他的雄心壮志和活力又被激活了，重新投入到更加冒险的户外活动，这最终为他赢得首次公众喝彩（Fancher, 1983, 1985, 1998）。

考虑到高尔顿拥有超强自信，强烈学术荣誉渴望，又有贵族家庭、巨额财富、良好教育、勤奋好学和家人坚定不移的信任等诸多环境优势，他最终得出"天才是天生的、不是培养的"这一结论，完全在人们意料之中（Fancher, 1983, 1985, 1998）。他自己的人生经历似乎在告诉我们，每一个人都有预定的天赋极限，教育和抱负不能帮助人们超越这个极限。他在寄宿学校和剑桥大学选修的课程与那些成功同伴相同，他像他们那样努力学习，甚至比他们更刻苦，也同样渴望成功，然而却没有成为佼佼者。

范切尔（Fancher, 1983, 1985, 1998）认为高尔顿个人的失败遭遇与他对天才的各种可能环境因素表面盲从有重要的内在联系。请看下列这段来自高尔顿《遗传的天才》短文（1869）：

有抱负的孩子刚上学面对智力难题时，他的进步会令人惊讶。他会为自己新发展的心理掌控力和不断增长的应用能力感到自豪，而且还会天真地认为，自己会成为在人类历史上留下印记的英雄。年复一年，他在学校和大学考试中不断地与同伴竞争，很快就会找到自己的位置。他知道他可以打败这样那样的竞争者，包括那些天赋相当的同伴和其他智力超越自己的同伴（pp.56-57）。

《遗传的天才》中那个"有抱负的小孩"是高尔顿本人吗？现在看来完全可能是他本人。高尔顿的自我挫败感差点毁灭了他的自信心，直到颅相学家给出他是"天生"怪才的解释，他才从家庭期望重负中解脱出来。高尔顿终于自由地追寻他真正的天赋。随后几年里，获得了一系列举世闻名的成就，在智力理论和测验方面的主要贡献登峰造极。然而他为这个终极成功所付出的代价是未能看到与他的遗传决定论对立的观点。

无论用何种客观标准衡量，高尔顿先生都是一个非常成功的人士。1909 年他受封为爵士，后人认为他是天才（Simonton, 2009）。他发展了统计相关系数的概念；开展了首项天才的科学研究；开创了寄养家庭、双生子研究和问卷调查等研究方法;创造了"先天与后天"科学术语。他的人体测量实验室把智力测验概念传遍全世界。遗憾的是,他的先天遗传决定论使他忽略了智力调查中生物遗传之外机制的重要性。错误地强调优生学,玷污了他的智力遗产。他的心理传记阐明了这些专业失误,可能会使21世纪的读者对他的学术瑕疵多一点同情。最后,所有科学家都难以幸免不让自己的个人经历(成功或失败)影响研究工作或产生偏差。

**要点**

● 弗朗西斯·高尔顿爵士是第一位系统研究天才的科学家。

● 高尔顿创建了"优生学"这个词语来描绘他的乌托邦愿景,即通过选择性生育创建优良人种。为了这个计划,他发明了用智力测验识别年轻天才的方法。

● 高尔顿发明了统计相关系数概念,开创了寄养家庭、双生子研究和问卷调查等研究方法。

● 作为遗传决定论的坚定倡导者,高尔顿是第一位使用"先天与后天"这一术语的科学家。

● 高尔顿为学术荣誉的个人奋斗可能影响了他的信念:天才是天生的,不是培养的。

**注释**

1. 对21世纪天才研究感兴趣的读者可以阅读迪安·基斯·西蒙顿对心理学101系列的杰出贡献,《天才》(心理学热点专题系列)(2009)。

(孙 莉 程灶火 译)

# 第四章

## 戈达德的良苦用心：智力发展现状和鱼龙混杂的科学

尊敬的女士：

　　告诉你一个好消息，你弟弟的智力测验结果出来了，他不是我们事先怀疑的白痴，事实上他只是有点愚笨而已，属于中度心理发育缺陷 [译者注：精神发育迟滞可细分为四个等级：鲁钝（轻度，IQ=55-70），愚笨（中度，IQ=40-55），傻瓜（重度，IQ=25-40），白痴（极重度，IQ 低于 25）]。我相信你听到这则消息会感到宽慰些！我们欢迎他来我们弱智儿童培训机构接受课程训练。相信我们能把他培训成一个自食其力的人，避免进一步衰退而被社会淘汰。虽然他的心理年龄只有 9 岁（IQ=45），远低于他的实际年龄（20 岁），但他比我们机构那些 20 岁的白痴和傻瓜有着更大的训练潜能。当然，我们也会尽最大的努力去帮助那些孩子。如果你还有什么疑问可以随时联系我们。

　　献上最真挚的问候！

琼斯博士，心理学家

阿克姆弱智训练中心

1912.12.05

　　毫无疑问，你一定会对上面这封虚拟信件的内容感到不可思议。没有哪位特殊教育家或心理学家会用这种语气描述一个有智力缺陷的人，即便他们心里这么想，也不会真的说出来。这封信虽然不是真的，但里面的大意、观点及用语完全代表了 20 世纪初期人们对待智力缺陷人群的态度。事实上，在那个时候，受过良好教育的读者可能对此并不在意，而对诊断使用的先进方法印象更为深刻。虽然我们虚拟了这份令你深感震惊的信，但也许章节中描述的一些真实情况会令你更为震惊。戈达德（1866—1957），一个在智力研究领域极具争议性的心理学家，一方面，因其促进了智力测验在美国的推广和应用，在智力研究领域具有一定的地位；然而他却犯了让 21 世纪智力研究者难以接受的专业失误[1]。本章的主要目的在于客观描述戈达德及其成果，以此呈现智力理论及测验的复杂发展历史。

# 一、惯用词汇

在深入了解戈达德的故事之前，我们需要你习惯本章所用的一些词汇。当我们在课堂上讲授智力理论和测验时，许多学生极力反对戈达德和许多同行们所使用的术语。一位美国学生（安布尔）清晰地记得她第一次翻开戈达德 1912 年出版的专著《善恶家族：弱智的遗传研究》时的情景，看到书中毫不避讳地使用诸如"白痴""傻瓜""愚笨"等字眼感到非常惊讶。那时她并不知道这些词语并没有辱骂侮辱之意。起初，它们只是不精确的临床标签，用来描述医生和教师对智力水平的主观判断。后来，在戈达德翻译的比奈 - 西蒙智力测验（1908）中成为描述低智力个体测验成绩的专业分类术语。

1904 年，法国政府委托一组专家开发一套能够鉴别低成就学生的测验工具，以便这些学生能够从特殊教育中获益。1905 年，比奈（Alfred Binet, 1857—1911）和他的学生西蒙（Theodore Simon, 1873—1961）响应政府号令编制了比奈-西蒙量表，可以说是世界上第一套智力测验（Kaufman，2009）。该测验包括 30 个由易到难的测验条目，一些最简单的测验条目可评估儿童眼睛能否跟随光点移动或与检查者握手等；稍难点的任务要求儿童按名称指出不同身体部位，复述施测者所说出的三个数字或简单句子，以及解释诸如房子、叉子、妈妈等词汇的含义；更难的测验条目则要求儿童讲出一对事物的差异，凭记忆画出图形，用所给的词汇（如巴黎、河、命运）造句；最难的条目要求儿童按顺序复述七个随机数字，找出法语单词（obéissance）的三个音节，回答诸如下列问题"我的邻居一直在接待陌生访客，他依次接待了医生、律师和牧师。请问他家发生了什么事？"（Fancher，1985）

这些仔细标化的任务可以揭示儿童的心理水平（心理年龄），并将其与生理年龄进行比较。比如，一个 10 岁儿童回答出 10 岁儿童通常能完成的所有任务，未能回答更难的题目，那么他的心理水平与他的生理年龄相匹配，即心理年龄为 10 岁。如果他的心理水平落后于生理年龄两岁或两岁以上（即 10 岁儿童，心理年龄只有 8 岁），通常诊断为弱智（智力低常）。

### 戈达德和比奈-西蒙量表

戈达德把比奈-西蒙量表带到美国，并翻译成英文，用智龄代替心理水平。本章开头信中虚拟的 20 岁小伙子被贴上"愚笨"标签，根据比奈-西蒙测验结果，他的智龄为 8~12 岁。比他更低的同伴被称为"傻瓜"，他们的智龄为 3~7 岁，智龄低于 3 岁则称为"白痴"。"弱智"是最早用来描述智力低下程度最轻群体的术语（1910 年被鲁钝代替），后来泛指所有智力低下，与癫痫、物质滥用、道德缺失等其他问题所致的智力缺陷相混淆。其他术语，如迟钝、退化、白痴、智力缺陷和残疾等在专业文献里常被戈达德及 20 世纪初他的同行们随意应用（Zenderland，1998）。

　　在你判定戈达德及其同行"麻木不仁"之前，重要的是要理解心理学专业语言是不断发展的。就"精神迟滞"（mentally retarded）标签而言，在我们写这本书（2013）时，叫某人"弱智"是一件很不礼貌的事[2]。然而，2007年前主要研究和支持认知缺陷患者的宣传组织仍称为美国精神迟滞协会，如今已改为美国智力和发育障碍协会（Schalocket al，2010）。迟滞（retarded）一词可追溯到12世纪法语中"retarder"，原意为"推迟、延长、变慢"（Oxford English Dictionary，2011），若不考虑社会学背景，"精神迟滞"一词本意仅指个体的学习速率比别人慢的一种特质。这实际上对患者有帮助，或可向试图帮助患者的心理学家、老师和医生提供必要的信息。

　　当然，我们不可能忽视社会学背景，"迟滞"一词已不再用于描述人的智力状况。这个曾被专业人员用于方便快速描述缓慢学习者的诊断标签，如今却被公众盗用，并将其转化为一种侮辱性语言。当孩子们在操场上叫另一群孩子"呆子"时，科学界就需提出一个新的描述性术语。这个术语必须避免陈规旧习，并能反映这类障碍的最新科学理解。如今的美国智力和发育障碍协会推荐的标签是智力障碍和有智力障碍的人。除替换所有"迟滞"提法外，这些新术语把最重要的东西（他或她是一个人）放在首要位置，把疾病属性放在次要位置，即她不是一个智力障碍者，而是一个有智力障碍的人（Schalock，Luckasson，Shogren，2007）。这种转变已编入2010年奥巴马总统签署的罗莎法案（Rosa's Law，2010，Public Law 111-256），该法案规定将精神发育迟滞（mental retardation）和精神迟滞（mentally retarded）从联邦卫生、教育和劳动保障法规中删除，替换成智力障碍（intellectual disability）或有智力障碍的人（person with an intellectual disability）。同样，美国精神障碍诊断和统计手册最新版（DSM-5）也将精神发育迟滞（Mental Retardation）替换成智力发育障碍（Intellectual Developmental Disability）（American Psychiatric Association, 2013）。

如今，智力障碍一词已逐渐普及，但却难以抵制社会盗用专业标签。也许几年后这些词汇又会出现在操场上，一些孩子会嘲讽另一些孩子，"你就像个智障（intell-dis）"或其他诸如此类的荒谬用语[3]。有朝一日，心理学家和特殊教育家又会选择新术语去描述那些智商低和适应功能差的个体。在阅读戈达德的著作时，思考这种可能性或许是有用的。

## 二、戈达德对美国智力理论和测验的贡献

1910 年，戈达德自创鲁钝（moron）一词描述那些最轻微的智力缺陷患者（Goddard, 1910），为力推这项改变，他希望用更精确的方法对智力功能损害个体进行分类。寻找精确分类方法是他对智力理论和测试的最大贡献之一。事实上，这也是他把智力测验引进美国的理由。

1906 年，戈达德来到新泽西州文兰弱智儿童训练学校，就任研究主任，当时并没有定义、诊断和分类智力障碍的公认系统。更重要的是，如果不知道儿童智力障碍的性质和程度，就难以给他们提供有效帮助。在戈达德那个年代，专家全靠主观判断，"我见即我知"取向导致智力评估不可信和训练效果预测不一致。戈达德在文兰训练学校投入大量时间培训了 300 多名学生，戈达德相信多数与智障患者密切接触的工作人员能够对智力水平做出非常准确的直观判断（Goddard, 1908b, p. 12），然而，他也认为客观科学方法对促进心理科学发展是必要的，其他学者在这方面所做的早期尝试都以失败告终（Zenderland, 1998）。

　　在两年时间里，戈达德尝试了几种不同的心理测试方法（成立了史上第一个从事智力障碍科学研究的实验室），没有得到有意义的结果（Zenderland，1998）。1908年，戈达德周游欧洲，寻访那里的专家，他广泛会见著名心理学家，并访问医师和教师。在访问期间，一位名叫德克罗利的比利时医师和特殊教育家，送给戈达德一套《比奈 - 西蒙智力测验》（Binet & Simon，1905）。这种智力测试方法与戈达德之前尝试的测试方法完全不同。出于好奇心，他把这套测验带回美国并对文兰学校的学生进行施测。随后，比奈和西蒙（1908年）发表论文介绍了全套测验及3~13岁正常儿童的常模，这样就可以将每个儿童的测试分数与常模进行比较，得出该儿童心理水平的估计值。

　　戈达德把比奈 - 西蒙测验译成英文，对全部文兰学校学生进行施测。他满意地注意到，基于比奈 - 西蒙测验分数算出的儿童心理年龄与学校工作人员的直观判断结果非常相符，提示测验具有较好的效标关联效度。以心理年龄制定划界值进行分类，戈达德将智力障碍区分为鲁钝（moron）、傻瓜（imbecile）和白痴（idiot）。最后，他制定了精确的诊断分类标准，满足了医师、心理学家和特殊教育家的心愿。戈达德将他的研究成果发表在他的机构杂志上，论文中详细介绍了他引进美国的第一套智力测验——比奈 - 西蒙智力量表（Binet-Simon Intelligence Scale）（Goddard，1908a，Kaufman，2009，Zenderland，1998）。之后，美国弱智研究协会尝试性采用戈达德的分类系统作为"最可靠的弱智儿童诊断方法"（Rogers，1910）。采用这套诊断分类系统后，智力测验在美国社会中有了自己的地位（Zenderland，1998）。

　　之后几年里，戈达德对促进智力测验发展做出了几项重要贡献。1911年，他应邀把智力测验带到纽约校区（美国最大的校区），拥有75 000多个学生（Zenderland，

1998）。截至 1915 年，戈达德已在美国发行 22 000 套比奈 - 西蒙测验和 88 000 份答卷（Fancher，1985）。戈达德极力倡导公立学校开设特殊教育班，1911 年他帮助制定了首部州法律，规定公立学校必须开设智障儿童特殊教育班。这项法律规定凡有 10 名以上智障学生（心理年龄低于生理年龄 3 岁以上）的学区都必须开设特殊教育班，因此，比奈心理年龄概念得到了州法律认可。戈达德还很有远见地认为低智力的罪犯不应负法律责任（Zenderland，1998）。这项提议在 2002 年著名的阿金斯诉弗吉尼亚州案后被通过，法律规定被判定有罪的智障不可被执行死刑，因为这违背了第八修正案中关于禁止残酷和不人道惩罚的规定。

1917 年，戈达德加入美国心理协会新兵心理测试委员会。作为团队成员，他帮助编制了世界首套团体智力测验的两个版本，一个用来帮助美国军队鉴别低智商新兵，另一版用来筛选特殊岗位士兵和上军官训练学校的士兵（McGuire，1994）。直到一战结束，这个测验测查近两百万士兵，并宣传推广了智力测验，给研究者未来的研究提供了大量的数据（Fancher，1985；Larson，1994；McGuire，1994）。对美国而言，这并不是一件好事，测验结果显示 45% 的健康应征青年的智力测试得分都在弱智范畴。这项令人吃惊的结果对测验诊断精度提出了疑问，并影响了戈达德之后职业生涯的观点（Goddard，1927）。

## 三、戈达德的争议

尽管戈达德对智力测验和特殊教育有许多贡献，人们记忆深刻的还是他漫长学术生涯中所引发的争议。因为相信弱智是一种遗传特质，因而加入了美国优生学运动，这是一个由权势人士组成的团体，他们认为美国人口遗传质量可以通过社会和政治手段改进（Black，2003）。优生学家特别担忧的问题是弱智会通过繁殖把疾病传给下一代，从而使美国人一代比一代更愚蠢。戈达德主张强制弱智者隔离或绝育。他帮助开发了一个程序，防止鲁钝、傻瓜或白痴通过艾利斯岛检查站移居美国（Fancher，1985；Gould，1981；Zenderland，1998）。本章随后将详细探讨戈达德研究成果所引发的争议。

戈达德和他的学生在文兰学校工作期间，主要研究弱智者的心理和教育问题。他对儿童教育特别感兴趣，并相信新教育法能改善弱智学生的生命质量。然而，随着职业生涯的进展，他的研究兴趣扩展到弱智人口繁殖的生物和社会影响。在同事的推荐下，他开始阅读孟德尔的理论。不幸的是，他误解了孟德尔概念，开始认为弱智是一种隐性遗传特质。在他看来，智力不再是从不聪明到很聪明的连续体，而是一个全或无的概念，即不是天才，就是傻瓜。并且可能把这种特性遗传给后代（Goddard，1912；Fancher，1985；Gould，1981；Zenderland，1998）。

1912年，戈达德出版了他的第一部著作，探讨所谓"缺陷血统"问题，《善恶家族：弱智的遗传研究》（Goddard，1912a）记载了文兰学校一名女学生的家族史，这名女学生在她8岁时被送到该校。戈达德称她为黛博拉·善恶，该化名源于希腊语kallos（美丽的）和kakos（邪恶的）。这个非同寻常的姓氏代表戈达德在她家系中发现了美丽和邪恶的联合。戈达德对她家系六代进行追踪调查，在18世纪，她祖先中有一位美国独立战争的士兵，戈达德称其为马丁·善恶（Martin Kallikak），在当地酒馆遇见一位不知姓名的智障女孩，两人同居生了一个儿子。这个家族的卡科斯（恶）分支起源于这段风流债，以后每代都有弱智者，文兰学校的女孩就是这一分支的后代。后来，马丁·善恶娶了一位出身名门的基督圣女，这位新夫人为他生了第二儿子,这个家族的卡洛斯(善)分支中社会和经济成功成员都来源于这场婚姻。

戈达德认为善恶家族提供了一个纯天然实验,结果证明遗传在智力障碍形成中的重要性。该家族两个分支间的巨大差异是智力障碍遗传性质的确凿证据：两个不同类型的女人,两种不同类型的遗传禀赋。然而,他却对自己在方法学上的诸多缺陷视而不见,特别是在寻找家系中弱智证据时,他混淆了低智力与其他疾病,包括酒精中毒、癫痫、婚外生育以及犯罪。此外,他还忽视了许多环境因素对善恶家族两支后代的影响。然而,本书给人的印象是取得了重大科学突破,几乎没有遭到专业批评,却使他赢得国际声誉,成为智力障碍领域的领军人物。此书也给公众带来巨大冲击,并在随后几十年里被多次重印(Zenderland,1998)。随后几代学者并不那么热衷于戈达德的方法学和结论,甚至有部分学者怀疑他篡改了善恶家族中"恶"分支的家谱,使之看起来更糟糕(Gould,1981)。当然,现在多数学者对此并不苟同,因为这种做法与戈达德的信念背道而驰。他认为,在凡人眼中,"鲁钝"看上去与我们多数人没有不同(Zenderland,1998),因此需要智力测验才能鉴别。

## 四、戈达德的建议

戈达德确信智力障碍无法治愈,但却提出了几项预防建议。一种潜在的解决方案是强制弱智患者绝育。他警告说,弱智者增长速度是普通人群的两倍(1912,p.71),会生出更多的弱智儿童,阻碍人类发展进程(1912,p.78)。随着时间推移,必将导致美国国民总体智力显著降低[4],而强制性的卵巢切术和阉割可防止这种悲剧的发生(1912,p.107)。他指出,男性阉割就像拔牙一样简单,女性卵巢切除也不太困难（1912, p.108）[5]。著名优生学家已对强制绝育提出异议，因此戈达德意识到这是一个不受欢迎的主意。

大规模地推行这种绝育法存在两大实际困难。首先公众会强烈反对这种做法，认为这是对人体的残害，会遭到许多人极力反对。同时，这种做法显然没有合理的依据。即便我们有合理依据，但作为实践改革者必须认识到普通民众并不以理性行事，更多依靠情感和感觉。只要人们的情感和感觉反对这种做法，理由再多也没用（Goddard, 1912, p.107）。

鉴于绝育的反对之声，戈达德认为人文殖民化将是一个更可行的解决方案。智力障碍人群按性别隔离居住，这将实现相同的优生目的。以戈达德的家长式统治观，隔离比绝育更好，既能保护智力障碍人群，也能保护整个社会。正如他的解释，"一个低能的女人独自在社会上生存注定会沦为邪恶之人的'猎物'，她的生活将会是堕落、不道德、犯罪的，因存在智力缺陷，她不能对自己的行为负责。"（Goddard, 1912, p.12）。安全地惬居在一个殖民地，她就不会危害别人，别人也不会影响和伤害她。

戈达德的"殖民地"并没有像他设想的那样发挥作用，而且一些机构尝试各种成人监护形式。其中一项实验是弱智成人"农场殖民"社区，他们在那里采用先进农业技术耕种和饲养家畜。戈达德和文兰学校联合的农场殖民地与罗格斯大学结成研究伙伴关系，并成功开发了种植桃子、养鸡、提高产蛋量等新技术。尽管他们在很多领域取得了成功，但殖民地还是不能实现自给，需要政府大量资金支撑（Zenderland, 1998）。戈达德的绝育建议是比较成功的，在随后几年里，有30个州采纳强制绝育程序，直到20世纪70年代才被取消（Hyatt, 1997; Silver, 2003; cf. Schoen, 2001）。

## 移民限制

1890—1910 年间，1200 多万移民乘船前往新大陆。美国移民评论家警告说，这些大量涌入的移民比早期移民"教育程度更低、更贫穷、文化差异更大"（Zenderland，1998，p. 263）。这些恐惧和担忧导致移民限制势力死灰复燃。1882 年，美国国会通过一项法案，禁止"白痴"和"疯子"通过艾利斯岛检查站。到 1903 年，国会同样禁止精神病患者、癫痫、乞丐和无政府主义者移居美国。到 1907年，该法案限制人群包含傻瓜、弱智人群，以及有生理或心理缺陷影响就业维持生计的群体（Zenderland，1998）。

戈达德常因这些政策遭受非议，事实上有些法律条文远早于他的研究工作。1910 年，他应移民局之邀运用他的专业知识帮助他们强制实施这些政策。由于每天有成千上万的移民通过艾利斯岛检查站，政策推行的禁令受到很大阻碍。值得注意的是官方呼吁强行推进这项政策会引发种族歧视争议，但戈达德并没有同意这种观点。他从未做过本土出生和国外出生的儿童对比研究，也没有做过高加索人和其他群体的对比研究。不像其他同行，他在撰写有关弱智学生论文时，从不提种族、民族或宗教。

尽管戈达德同意去艾利斯岛，并于 1912 年制定了一个两步法的筛选程序：在移民人群通过检查点时，一名助理对疑似智力缺陷者进行视觉筛查，然后将这些疑似个体送往另一个检查点，由其他助理用各种心理测验和比奈量表修订版对他们进行检测，通常有翻译人员协助。戈达德认为受过培训的观察员在诊断上会比艾利斯岛的医生更准确，他们长期与弱智者接触获得的专业知识和经验是成功的关键。他有一句令人难忘的名言，诊断弱智过程犹如品酒，或鉴茶（Zenderland，1998，p.268）[6]。

这项智力测试程序的结果令人震惊。根据戈达德的《不同国籍移民的智力分类》(1917)，大部分艾利斯岛的移民都存在智力缺陷。例如，他的结果显示 83% 的犹太移民为智力低下，匈牙利籍移民为 80%[7]，意大利移民为 79%，俄罗斯移民为 87%。重要的是，与美国本土学生相比，戈达德更愿意将这些结果归于环境因素。他承认有些移民"从没拿过笔"，怎能要求他们完成凭借记忆画图等测验条目(Goddard，1917)？有鉴于此，他决定删除比奈量表中 75% 的移民不能完成的项目。他的新版测验明显降低了弱智移民人数。尽管他承认这个新系统的公平性，但却担心会给美国带来不良后果。环境所导致的智力缺陷不会遗传给下一代，但以新测验标准作为移居美国生活新居民的门槛似乎太低了(Goddard，1917)。尽管考虑到环境因素的影响，以戈达德的标准进行筛选，但被驱逐出境的移民人数还是成倍增加。

## 五、戈达德的修正意见

到 20 世纪 20 年代后期，戈达德修正了许多早期观点，在多个公众论坛上宣布"以心理年龄低于 12 岁作为弱智的诊断标准"是他的严重错误。在其职业生涯后期，他才逐渐意识到以往诊断为弱智的群体中，只有少数人确实存在智力缺陷(Goddard，1928，p.220)。在第一次世界大战前参加团体智力测验的编制使他改变了主意。

这场战争发起了征兵智力测验，结果发现绝大多数士兵智龄在 12 岁以下，据此把他们视为弱智者实属荒谬至极。17 万接受测试的士兵中，45% 士兵的智龄都没有超过 12 岁。17 万士兵是一个非常大的总体样本，我们认为这些数据足以代表国民的智力情况——显然不是这些人鲁钝，而是我们太愚蠢(Goddard，1927，p.42)。

　　戈达德还公开承认他早期认为弱智是不可治愈的观点是错误的。智力障碍本身是不可逆的，但教育可以缓解症状。他在许多培训机构发现弱智个体可以训练成为自食其力和独立生活的社会人（Goddard，1927，p.44）。他现在更多倾向于鼓励他们融入社会。采用某些先进技术可以降低未检先孕所致的风险，尤其是那些对社会有用的弱智群体（Goddard，1927）。

　　这种对弱智问题的新型激进观点，21世纪读者听起来依旧很刺耳。戈达德从来不会完全放弃他的早期观点，以获得赦免。或许这项工作对戈达德和世界的毁灭性后果发生在他公开发表修正观点后的几年里。1914年，德国出版了《善恶家族：弱智的遗传研究》翻译本。1933年，纳粹政府重印该书，并大肆宣扬该书的观点。戈达德所有著作没有迹象提示他想以这种方式推广他的研究成果。事实上，他至少在某个场合利用他的声望反对纳粹的主张，在他的职业生涯中一贯支持犹太学者。

　　文献中常把戈达德被描述为"优生学怪物"，更重要的是我们都认为他是美国智力研究和测试发展中每项重大事件的领导者或参与者（Zenderland，1998）。他建立了第一个科学实验室专门研究智力障碍群体，将比奈-西蒙量表翻译成英文及广泛推广应用，说服同行采用智力测验作为"金标准"，对不能正常学习的人进行分类。他总是站在时代的前沿，他主张废除对弱智者判处死刑。他主张在公立学校开设特殊教育班，并帮助起草首部州法律，规定公立学校必须开设特殊教育班。事实上，他一生致力于帮助发育障碍群体。

　　此外，戈达德也是智力遗传决定论的坚信者，宣传那个时期有限的孟德尔遗传学知识，而且他所了解的知识大部分是错误的。他赞成对智力障碍人群采取隔离和绝育。到学术生涯中期，他放弃以智力测验进行精确分类的主张，及以目测法甄别智力障碍的倡导，他把这种获得能力比作是品酒或鉴茶。他建议限制移民入境，只允许那些在智力测验得分较高的人移居美国。他称有智力障碍的人为智力缺陷者或颓废者，并将他们归为鲁钝、傻瓜和白痴等三个侮辱性等级。可以说他不是种族主义者（善恶家族的"恶"分支是白种人，大革命以来一直在美国生活的盎格鲁撒克逊新教徒；Zenderland，179，p.124）或明确的反犹太主义者。但他无疑是一个阶级歧视者，完全不理解贫穷和工薪阶层的生活，这些阶层的代表包括善恶家族的"恶"分支或艾丽斯岛的弱智移民。

然而，戈达德很聪明，在职业生涯终结时抓住了最后的救命稻草，承认他所犯的错误。总体而言，戈达德是一个充满"矛盾"的学者。然而，毫无疑问，若没有戈达德的贡献，智力理论和测量领域将不会如今天这般，或许会更好，也许会更糟糕。

**要点**

● 戈达德开创了第一个专门致力于研究智力障碍群体的实验室，他还把比奈-西蒙量表（1908）译成英文，并将它在美国推广。

● 戈达德主张废除判决智力低常者死刑，并帮助制定了第一部州法律，规定公立学校必须开设特殊教育班。

● 戈达德赞成对智力障碍群体实行隔离和强制性绝育，协助政府实施限制智力低常者移居美国。戈达德的职业生涯引发了关于科学家在各自专业领域里可多大程度上负责协助或抗拒政府计划的问题。

**注释**

1. 戈达德是南加利福尼亚大学的第一位足球教练，至今还会使巴黎圣母学院和加州大学洛杉矶分校球迷感到敬畏。

2. 呆滞（retarded）是一种比较婉转的说法。戈达德时代，人们可能盗用戈达德的专业术语（鲁钝、傻瓜或白痴）辱骂别人。以后诊断名称改为精神迟滞（mentally retarded）或智力障碍（intellectual disability），人们又用"呆滞"或"智障"（intell-dis）辱骂别人。

3. 这种情况过去发生过，现在依然存在。SPED 是许多大学教师预备特殊教育（Special Education）课程时惯用的缩略语，本书作者配偶曾在校园里常听到有人把那些不受欢迎的同学叫做"SPED"，此时词意发生了改变，是一种侮辱性称呼，意指"傻蛋、笨妞"。一些大学现在把特殊教育缩写成"EDSP"，由于比较难发音，所以它不太可能被用作讽刺。

4. 高智商母亲比低智商母亲少生孩子的趋势其实是 21 世纪的一个既定发现。这种现象可称之为劣生繁殖（dysgenic fertility），与优生学的结局正好相反。这种劣生繁殖方式似乎抵消了费林效应，我们将在第六章详细阐述。更详细的信息可以查阅林恩和哈维的著作（2008）。

5. 绝育手术有许多方法，在戈达德时代采用比较原始的阉割（castration）和卵巢切除（ovariectomy），术后既没有性欲，也不能生育，对人的心身是极大的摧残。后来采用危害较小的输精管结扎术（vasectomy）和输卵管结扎术，也可达到永久性绝育。现在女子可以上节育环，这种绝育术是可逆的，取出节育环后可以恢复生育能力。

6. 时至今日，除经验性测验外，在智力评估中要求智力测验施测者利用他们的经验，这和临床判断的价值存在争议，详见希尔弗曼的著作（2012）。

7. 本书第一作者，以他血管里流着马尔扎人的血液为傲,谦卑地指出乔·纳马斯、安迪·格鲁夫、威廉·夏特纳和德鲁·巴里摩尔等都是匈牙利的聪明人。

（金凤仙　程灶火　译）

# 第五章
# 单元智力或多元智力

　　到目前为止，我们已经探讨了许多早期智力研究的历史。第一章我们简要地提到斯皮尔曼和他的研究，同样还有卡特尔、比奈和戈达德。本章我们将讲述斯皮尔曼的工作，在某种程度上讲，这或许是在所有心理学中最有影响力的。接着，我们将展示心理学家们从 20 世纪初直至今日这段时间里是如何构建和推进他们的智力观点的。

　　本章大部分内容是讨论智力到底是一种能力，还是多种能力。在漫不经心的旁观者看来，这种辩论似乎毫无价值，但泰勒（Tyler, 1969, p.v）却认为"智力究竟是单一特质，还是多种松散相关、独立发展的特殊思维才能的集合名称，这不是一个无足轻重的问题。如何思考这个问题关系到我们对许多重要事情的决策，比如学校政策，就业与失业，还有政治平等。"换句话说，如果你不能回答"是单一还是多元"这个问题，我们就很难回答一些常见的问题，比如"这个人是天才吗?"或"这是一项高难度的工作吗?"，对教育、商业、法律、社会正义等众多领域而言，这都是一个基本问题。

## 一、斯皮尔曼和 g 因素

　　让我们回到 100 多年前，以英国心理学家斯皮尔曼（Charles Spearman）的故事开始我们的讨论。他入门心理学很晚，直到 30 岁他才到著名的冯特心理学实验室从事心理学研究，建议你拜读他的自传（1930）。然而，他很快成为一名杰出心理学家，在很大程度上是因他运用统计学证据支持自己的想法。他被称为"第一位系统的心理测量学家"，且被认为是经典测验理论之父（Jensen，1994）。

本章中我们将从他 1904 年的处女作《一般智力的客观评定与测量》开始，深入了解他的研究工作，这篇论文发表时他正在德国攻读博士学位[1]。这篇文章在智力研究历史上引起巨大轰动，这种说法可能有点武断，但却标记着智力研究历史新时期的开端，我们称之为"伟大学派影响"。

斯皮尔曼的论文部分是对 20 世纪初卡特尔（Cattell）、维斯勒（Wissler）和其他学者围绕人体测量学研究辩论的书面回应，斯皮尔曼（1904）提出了与众不同的智力理论方法。

预估智力是一件复杂微妙的事情，指导原则是不要做任何先验假设，主观断定什么样的心智活动最能代表智力。无论如何，当下主要目的是实证检验所有可能与智力有关的各种能力，确定各种能力间的彼此关系以及这些能力与其他功能的关系（Spearman，1904，p.249-250）。

换句话说，与其定义智力，不如去寻找智力，为什么不先考虑所有能力都可用来描述智力，然后创建可靠的方法测量这些能力，利用高级统计学技术确定这些能力的相关性？这听起来有点像文字游戏，但斯皮尔曼的做法实际上代表了心理学家研究智力结构方法学的重大转变。

霍恩和麦卡德（2007）走得更远，赞扬斯皮尔曼使用了比他的前任更科学的方法：

斯皮尔曼的理论——描述了如果理论正确，实证实验的结果会是什么样的，同样重要的是，如果理论不正确，结果又会是什么。只要确定一个为智力，不管它是什么，都可以把它与不是智力的东西区分开来。因此斯皮尔曼的理论引导刚诞生的心理学领域（智力）走向实证研究，这类研究可以建立一门科学描述人们曾经用"人类智力"这个术语所指的东西（Horn、McArdle，2007，p.206）。

斯皮尔曼重新审查高尔顿和其他学者的工作，尝试用更先进的统计学和心理测量学技术(其中许多技术是他首创的)再次分析他们的研究结果。尤其是斯皮尔曼发现高尔顿、卡特尔和维斯勒的研究存在许多统计学和方法学缺陷。正如前面提到的,高尔顿与卡特尔的心理测验之间没有统计学上有意义的相关,表明这些任务测量的是各种互不相同的能力。而且,斯皮尔曼能证明这种结果主要是测验可信度问题和测验内容局限所致,当他用统计方法处理这些问题之后,他得出了与早期研究者截然不同的结果。

确实,他不仅发现这些心理测验所测量的所有变量之间存在正相关,而且还发现这些结果与其他心理能力测量相关。他证实某种共同变异源能解释所有心理测验之间的相关,他称这个共同成分为智力的一般因素,或 g 因素。更专业地说,他认为大多数心理测验共享一个共同因素(g 因素),每个测验还有一个自身特有的特殊因素(s 因素),因此称之为二因素理论,但这个概念的主要突破是证明了存在一个一般智力因素。

这一发现重振了智力行为源自一个单一的构想实体的理念,奠定了许多当代人类智力理论的基础(附加背景请参看 Jensen, 1994, 1998)。随后几十年,斯皮尔曼(Spearman, 1923;Spearman & Jones, 1950)和数以百计其他研究者从事智力研究,绝大多数研究支持 g 因素的存在及其重要性。延森(1998)对 g 因素的相关因素做了全面回顾,包括各种生物学特征(体格大小、脑体积、近视程度、脑活动)、认知行为(反应时、记忆力、学习能力)、成就(学术成绩、工作业绩)和重要社会结局(犯罪、离异、死亡)。事实上,纵观当今智力研究,斯腾伯格和考夫曼(2012)得出这样的结论:近期 g 智力相关因素研究数量减少是由于 g 因素与各种人类行为的关系已完全确立。

然而,这并不是说斯皮尔曼的研究工作一直没有受到严厉批评,在他那个时代(Burt, 1909;Thomson, 1939)和近期（Horn & McArdle，2007）都能听到批评之声。作为典型事例，如果没有提到赫恩斯坦（Herrnstein）和默里（Murray）1994年出版的《钟形曲线》（*The Bell Curve*），那便是我们玩忽职守。该书既抵制又应用g因素理论，引发广泛争议，部分原因是该书生不逢时，降临在多元智力理论统治的年代（如下所述）。如果没有别的原因（如高尔顿的工作），你肯定会赞扬那些作者逆流而上的精神，希望那些激烈批评单因素理论或心理测量学方法的学者驳回这本书，然而许多研究者支持该书的单因素论、心理测量学方法和有关人类能力的论断。虽然许多支持者回避那些有社会影响的观点，这些观点本质上属于激进优生学。针对该书的激烈辩论在美国持续了几个月，几乎控制了公众话语权，试图证明许多心理学家仍然支持智力的单因素、心理测量学理论（Gottfredson，1997；Gottfredsonet a1，1994）。

## 二、瑟斯顿的主要心理能力理论

美国心理学家瑟斯顿（L. L. Thurstone，1887—1955）从第一次世界大战后直到他1955年去世一直活跃在智力论坛上。瑟斯顿的志趣在于解决人类问题，他是很有才华的统计学家和心理测量学家，他在北加州大学建立了以自己姓氏命名的心理测量实验室。他也对人类智力感兴趣，虽然他的早期著作之一主要是概念性的（Thurstone，1924/1973），但后来的实证研究提出了主要心理能力理论（primary mental abilities，PMA），包括词语流畅性（word fluency）、言语理解（verbal comprehension）、空间视觉（spatial visualization）、数字能力（number facility）、联想记忆（associative memory）、推理能力（reasoning）和知觉速度（perceptual speed）（Thurstone，1938）。

在瑟斯顿自传中，他写到他的兴趣和智力方法是对斯皮尔曼工作的反应：

围绕斯皮尔曼单因素法的争论持续了四分之一世纪……在那几十年的争论中，争论的主要焦点是斯皮尔曼的一般因素（g因素），次要焦点是群因素和特殊因素，坦率地说，这些都是g因素的捣蛋鬼……多因素分析实际上是以不同方式问一个基本问题。从一组变量的实验相关系数表开始，我们不问实验数据是否支持某个g因素，相反，我们问需要多少因素才能解释实验获得的相关矩阵。分析之初，我们非常坦率地面对需要假设多少因素这个基本问题，然后带着这个问题去探寻其中有一个因素可以作为一般因素（p.314）[2]。

瑟斯顿认为g因素是研究所用程序造成的具有统计意义的人为因素，一个多种特殊智力的无效统计平均数，对指导未来教育和职业干预没有什么帮助（Thurstone, 1936）。瑟斯顿用自己发明的因素分析方法，发现智力行为起源于多因素，而不是单因素。在分析多因素相关矩阵时，他又发现了几个高级因素，其中包含g因素，但不像某些人断言的那样，只有g因素。正如瑟斯顿（1952）所说他为此耗费了毕生心血。

正像测验的相关矩阵一样，主要因素的相关矩阵也能进行因素分析。通过分析，我们发现了几个二阶因素。其中一个似乎与斯皮尔曼的一般智力因素（g因素）非常吻合。评论家指责我们支持斯皮尔曼的g因素，但他们忽略了一个基本事实——这项研究获得了双赢的结果，揭开了心理组织复杂性之谜（p.316）。

## 三、韦克斯勒的评估方法

韦克斯勒（David Wechsler, 1896—1981, 美国心理学家）的重要贡献在《智商测试》（心理学热点专题系列）

（Kaufman 著，2009；程灶火译，2013）中有详细介绍，并指出他对智力测验的贡献比智力理论更大[3]。我们在这里简要提到他，是因为他明确地提过智力的二因素心理测量模型。如果你在20世纪后半叶做过智力测试，想必一定会熟悉韦克斯勒的工作。

韦克斯勒因编制了几套广泛使用的智力测验而闻名于世，包韦氏成人智力量表（Wechsler Adult Intelligence Scale，WAIS）（1939）、韦氏儿童智力量表（Wechsler Intelligence Scale for Children，WISC）（1949）和韦氏幼儿智力量表（1967），这些测验以后被反复修订，仍是目前国际上最常用的智力测验。第一次世界大战期间，韦克斯勒曾参加美国团体测验研制团队，与戈达德和推孟等领军学者共事。在战争最后几个月，他被指派到英国与斯皮尔曼和皮尔逊共事。

韦克斯勒最终认为斯皮尔曼的一般智力理论过于狭隘，他认为智力是一种效果，而不是原因，并声称诸如人格等非智力因素也影响每个人的智力发展。这种原因—效果论使韦克斯勒不同于同时代的许多著名智力学者。他个人把智力定义为："智力是个体有目的地行为、合理地思考和有效地应付环境的聚合或总体能力。"这个定义反映了更广泛的智力观点（Edwards，1994，Wechsler，1940，p.3）。借鉴美国陆军甲种和乙种测验，韦氏测验一般有两套任务，一套测量操作能力，另一套测量言语活动。鉴于他的评估被广泛应用，操作与言语两分法对心理学家和教育学家的智力观有很大影响，有些学者告诫人们不要把这种两分法等同于评估两种不同能力，这不是韦克斯勒的本意。

## 四、卡特尔 - 霍恩理论或称卡特尔理论[4]

在1941年的一次重要心理学会议上，卡特尔（Raymond Cattell，1905—1998，英籍美国心理学家，与詹姆斯·麦肯·卡特尔没有亲戚关系)回顾了前几十年智力理论和研究工作。他评论说"因战争的缘故,成人智力测验问题再一次成为人们关注的焦点,然而心理学家普遍认为,自1917年陆军团体测验以来,基础理论研究几乎没有取得任何令人满意的进展。"(1941,p.592)。尽管他这次演讲中所讨论的大部分内容没有传给后人(后来仅发表了论文摘要),但他似乎强调了自己对比奈主编的测验及当时单因素智力理论不满的几点理由。总之,他发现当时的测验和理论不适合成年人,大多数评估关注的焦点是儿童,因此用这些评估做研究所得出的理论也只适用于儿童。这次未发表的演讲所提出的理论和研究思路在近75年间都保持着巨大的影响。

在一系列他本人(1941,1963,1967,1971,1987)及与霍恩(Horn & Cattell,1966a,1966b,1967)合作完成的研究和著作中,卡特尔创立了二因素智力理论,即流体智力(Gf)和晶体智力(Gc)。流体智力包含快速思考和行动、解决新问题、短时记忆等能力;晶体智力包括个人知识广度和深度、运用知识解决问题、运用语言(词汇)的能力及各种获得性技能。霍恩继续就这一理论发表了许多创造性论文(1967,1976),现在人们常将这种理论方法称为卡特尔-霍恩理论(CH理论)。

流体智力较少依赖于教育和知识积累,主要受生理因素影响;晶体智力来源于学习和知识积累,人格、动机及教育和文化机遇可促进其发展。

卡特尔建立该理论的动因是他对那些不考虑智力终生发展的理论模型不满意,因此对流体和晶体能力进行大量纵向和横向研究也就不足为奇。总之,这些研究证实流体智力在成年早期达到高峰,之后随着年龄增长平稳下降,主要是解决复杂问题的认知能力减退(Horn, Donaldson & Engstrom,1981)。相反,晶体智力在整个成年期保持稳定或继续增长（Hertzog & Schaie, 1986; Horn, 1970, 1998; Horn & Cattell, 1967; Horn & Donaldson, 1976; MCArdle, Hamagami, Meredith & Bradway, 2000）。然而，麦卡阿德（McArdle）等人（2002）发现稍微不同的结果：流体智力和晶体智力都在成年早期达到高峰后开始下降，流体智力峰值前增长速度较慢，峰值后下降速度较快。

霍恩近期研究基本上是同马珊加合作完成的。他们的研究结果表明成年人把自己的能力倾注于专业领域，因此削弱了流体能力的发挥和使用，但在专业领域中创建了大跨度记忆，使人们能够把大量信息带进即刻记忆并使用。埃里克森和金科（1995）首先发现此现象，马珊加和霍恩把它作为 Gf-Gc 理论的拓展部分。这种能力在成人专业推理中同样重要，它使专业人员（如社会中担任重要职务的成人）做出高水平的推理，比主要依赖流体推理的水平更高。这部分理论对理解成年人事业发展是最重要的，社会上许多重要领域（如科技、商业和政治）领军人物都是不惑之年的成人，甚至是花甲和古稀老人，道理就在于此。心理学家贝克斯把这种观点整合到他的人类发展"选择性优化补偿"理论中。随着年龄增长，人们可以学会优化其晶体智力，或用于补偿流体智力的年龄相关损失。例如，老年象棋大师知道自己在快棋比赛中没有优势了，他可以选择与老年市民下快棋来补偿，或者专门下传统象棋获得选择性优化。象棋大师的专业知识（晶体智力）继续保持优势，他可以与那些具有流体智力优势而经验不足的选手竞赛（Bakes & Carstensen, 1996）。

卡罗尔（John Carroll）在《人类认知能力》著作中提出一种类似又有区别的观点，他对以往瑟斯顿、吉尔福德、霍恩 - 卡特尔、韦克斯勒等几百项研究数据进行再分析（Carroll, 1997））。基于分析结果，他提出了三层次智力模型。第一层包括数十种"狭义"的能力，如数量推理、言语理解、记忆广度、语音记忆、知觉速度和简单反应时。每种能力都与第二层的八种广义能力相对应,这八种广义能力分别为流体智力、晶体智力、一般记忆和学习、视觉感知、听觉感知、提取能力、认知速度和加工速度。第三层是一般高级因素,类似于 g 因素。

卡罗尔(1997)强调他的模型相比之前的研究有许多优势,包括把注意力引向许多通常被传统范式忽略的能力、意味着个人能力剖图比以往想象的更复杂,同时为理解人类认知能力的复杂组织提供了理论框架(p. 128)。在一项重要的卡罗尔模型验证研究中,毕克、基思和沃尔夫勒(1995)很大程度上重复了卡罗尔模型,并发现这个模型在整个生命周期保持相对稳定。

至于 Gf-Gc 理论或三层次理论,何者能更好地解释目前常用智力测验的结果,尚存在争议(Cole & Randall, 2003),关键是霍恩与卡罗尔对是否存在一个首要因素有尖锐的分歧[5]。然而,麦格鲁(1997)把三层次理论与 Gf-Gc 理论融为一体,称之为卡特尔 - 霍恩 - 卡罗尔理论(CHC 理论),平息了这场争论。他重新定义第二层因素,主要解决卡特尔 - 霍恩与卡罗尔理论之间的矛盾,新的第二层因素分别命名为流体智力 / 推理、数量推理 / 知识、晶体智力 / 知识、短时记忆、视觉智力 / 加工、听觉智力 / 加工、长时关联存储与提取、认知加工速度、决定 / 反应时间或速度、阅读 / 写作。CHC 理论在学校心理学领域有特殊影响力,重点强调认知评估的应用,且该理论在后续研究中得到较好的支持(Keith & Reynolds, 2010; Taub & McGrew, 2004; Willis, Dumont & Kaufman, 2011)。

## 五、当代一些不同的智力理论

到目前为止,本章始终围绕智力理论这个共同主题,或者说本书到目前为止几乎完全围绕智力理论这个话题,这些理论要么来源于测验,要么主要受测验影响。在 20 世纪 80 年代早期,在如何看待智力这个问题上历经了巨大变化。这些新观念的重要主题是强化理论基础和淡化测验的核心作用。这并不是说测验与这些方法关系不大,或早期理论概念性不强。然而,正如你所见,这些新理论与早期研究相比有焕然一新的感觉。

## 1. 多元智力理论

加德纳(Howard Gardner, 1943—,美国发展心理学家)是一位著名的发展心理学家,与之前许多心理学家相比,他从完全不同的视角发展自己的理论。他自称"我研究智力的方法就算不是独一无二的,也是不同寻常的,在这种方法中,测验和测验分数相关的重要性被最小化。相反,我是从定义和标准入手的"(Gardner, 1999, p.113)。作为 20 世纪 70 年代后期启动的重大合作项目的一部分,加德纳致力于考查人类潜能,1983 年他出版了自己的开创性著作《智力结构》(*Frames of Mind*),此书分别于 1993 年和 2003 年以新版本发行。

加德纳将智力定义为"解决问题的能力或创造具有文化或社会价值的时尚产品的能力"(1999, p.113),在《智力结构》第四章他列出几项纳入其模型的智力标准,但他很快补充说要想完全符合所有标准可能不现实。这套标准包括:①脑损伤后出现潜能分离,局部脑损伤个体常出现严重缺陷,且该缺陷局限于某一认知领域;②存在超常和能力不均衡的个体,如博学大师和神童;③每种特定智力都有对应的可验证的核心信息加工机制;④与自定义的"目标状态"相匹配的特殊发展路径,比如,按某个特定维度能识别新手和专家;⑤进化历程提示某种特定智力在人类随时间推移而发展,或存在于低级生命形态中;⑥实验结果支持;⑦心理测量支持;⑧以符号系统编码(即文化驱动的符号集有助于交流概念,比如,语言、数字和乐谱)[6]。

　　这种方法与高尔顿、戈达德和斯皮尔曼等人立场形成鲜明对比，而且也与其他方法有显著差异，比如瑟斯顿在筛选数据前就设定了标准。只有浏览《智力结构》全书，才能明了多元智力（MI）理论完全不同于先前大多数智力概念；例如，除高尔顿、斯皮尔曼、瑟斯顿和其他普通学者的研究结果外，加德纳还讨论了哲学家、从事人类和动物研究的认知科学家、传媒专家、数学家、语言学家、音乐家及其他特殊学者的研究[7]。

　　至此，再次考虑加德纳研究工作所处历史背景具有重要意义。认知和学习等心理过程是在特定社会、文化和自然情境中发生的，因此认知和学习的情境特征在社会科学中比之前受到更多的关注，加德纳，作为负责艺术发展、创伤性颅脑损伤和其他专题研究的领头人，以高度情境化视角研究人类能力和智力，就不足为怪了。

　　加德纳提出的七种首要智力分别为语言、逻辑-数学、空间、躯体运动、音乐、人际交往和内省。语言智力代表听、说、读、写等能力。逻辑-数学智力包括逻辑思考（如下棋策略，演绎推理）和解决数学及科学问题的能力。空间智力体现为常人能在不熟悉的街道行走，或建筑师能把建筑方案尽收眼底。音乐智力指音乐家听一遍就能弹奏，或凭灵感和美感演奏乐章的技能。躯体运动智力指必须运用身体解决问题，如做复杂手术、跳舞或接球。人际智力体现在个人的社交技能、共情和了解别人需求的直觉。内省智力包括认识自己、了解自己的能力。

　　加德纳认为在人类智力传统模型过分强调逻辑-数学智力和语言智力，他断言这种过度强调很大程度上是文化的产物；在不同生活环境中，不同智力会获得更高的重视（加德纳，1993）。这个假设似乎反映在戴蒙德等学者的著作中（1999）。

　　加德纳提出七种智力后不久，他又增加了两种候选智力：自然智力和存在智力，在很大程度上驳斥了灵性智力的想法（加纳德，1999、2006）。高自然智力者能识别和分类自然界的本质特征，且早年就经常表现出对自然界非同寻常的兴趣。高存在智力者更能理解人类的"终极"担忧，比如生命和死亡的意义，独自存在于浩渺宇宙中的困惑。虽然加德纳非常谨慎地提出智力的最终分类，但仅有为数不多的证据证明他们像七因素一样符合实证标准。他还认真思考了灵性智力问题，多年来常有人向他提这个问题，而且他表面上相信它不完全符合模型纳入标准。

加德纳的工作在教育界特别受欢迎。本书第一作者清晰地记得20世纪90年代初他走进一所国家顶级建筑学校时的情形，一些教师承认自己对智力感兴趣，想与我促膝长谈多元智力理论对建筑学和建筑师培训的适用性（其实都是教师们在讲！）。多元智力理论的主要魅力或许是它勾画了大多数人（尤其是教师）对人类的美好愿望。我们每个人都是独一无二的，我们每个人都能成为一个或多个特殊领域的精英。我们谨慎地注意到多元智力理论这种符合大众口味的解释几乎可以肯定不被加德纳所认同。但是在我们的经验里，人们确实是这么想的。

多元智力理论也受到尖锐的批评，人们预想这种方法与过去的方法截然不同，实际情况却有点让人失望。其中有些批评来自前面提到的心理测量学支持标准，有些模型中提到的智力不易让他们自己评估，与许多传统评估一样存在方法学问题，使结果偏差造成支持多元智力理论的假象。例如，注意最近几次智力评估结果相互矛盾，如阿尔梅达等（2010），卡斯得、佩雷斯和吉勒（2010）、维瑟、阿什顿和弗农（2006）等研究就是很好的例证。一些批评者认为智力最好概括为天赋或能力。延森（1998）在批评中指出八项标准过于含糊或"灵活"，并且认为许多目前描述的智力不足以与实验和心理测验获得的g因素区分（p.129）。

加德纳以其个人信誉在多种场合公开回应了这些批评（Gardner, 1995、2006），不过还是做下列解释比较安全：传统心理测量学粉丝们发现在多元智力理论中找不到他们想要的东西，而文化、情境和发展理论的粉丝们则在多元智力理论找到许多他们喜欢的东西。

轶事证据表明该理论在改变教育者的智力和天赋概念方面具有巨大影响力，扩大了学生被认为聪明和有才能的可能性。尽管该理论用于教育安置和干预不是没有困难（Gardner, 1995；Plucker, 2000；Plucker, Callahan & Tomchin, 1996；Pyryt, 2000），但加德纳在帮助改变智力定义和应该怎样建模的对话方面，确实功不可没。

## 2. 三元智力理论

大约在加德纳开始智力研究的同时，斯腾伯格（Robert Sternberg, 1949—，美国心理学家、心理测量学家）也着手他的重要系列研究。有资料显示他更坚定地植根于认知和信息加工研究，他在自传中写道他一直对智力感兴趣，但仅在他成为耶鲁大学教授时，他那广为人知的想法才得以实现，为世人所熟悉。

在带教研究生时，我才渐渐意识到不同学生有着不同的能力模式。比如某些人在智力测验上表现出非常高的分析技能，而其他人技能很棒，但在测验评估中显示不出来。芭芭拉表现出非凡的创造性技能，西莉亚则表现出非凡的实践技能。到 1985 年，我认为智力不是一种单一能力（所谓 g 因素），而是包含三种相关能力：分析能力、创造能力和实践能力。随着时间推移，越来越清楚地认识到这种理论是不恰当的，因为一个人的智力不仅仅是三种能力的加权总和或平均值。相反，我开始思考"成功智力"，或者说一个人的智力是将其有效地应用于自己的生活……聪明人明了自己一生想做什么，然后找到成功实现自己目标的路径。他们通过分析、创造和实践能力的组合，利用自己的长处，弥补或纠正自己的短处，以实现自己的人生目标（p.310）。

成功智力的三元理论认为这些分析、创造和实践能力共同作用使得个体获得成功（Sternberg，1998，1996，1996b）。分析性智力使个体评估、分析、比较和对比信息。创造性智力酝酿发明、发现和其他创造性尝试。个体运用实践性智力可以将学到的东西用于适当的情境，本质上是将所有东西整合在一起。

成功智力理论提出的许多观点是几代人心理辩论的结果。例如，平特纳（Rudolf Pintner，1912/1969）将智力定义为"个体主动适应各种新生活情境的能力。似乎也包括与各种情境友好相处的能力。这意味着能轻松和迅速地做出调整，能轻松地打破旧习惯和建立新习惯"（p.13）。斯腾伯格工作的价值在于他基于近百年认知和社会心理学研究成果提出（包括评价和修正）一种理论。

这个理论还包含三个亚理论：成分亚理论、经验亚理论和情境亚理论。成分亚理论是指个体加工信息的能力，包括三种特殊机制（学习能力、计划做什么和执行指定行动）。经验亚理论强调新颖性和自动化在个体智力应用中的作用。情境亚理论关注个体改变、适应和选择环境的能力。三个亚理论提供了智力本质的情境观，提示可用另类方法设计智力测验。在斯腾伯格看来，传统智力测验过分强调成分亚理论层面，很大程度上忽略了其他两种亚理论，因此有很大的局限性（Sternberg，1984）。斯腾伯格和他的同事广泛地研究了该理论在教育情境中应用，大体上取得了正性结果（Sternberg，2011b，综述）。

斯腾伯格理论的一重要特征是三种智力在社会文化情境内运作，应该说他的研究工作与加德纳的工作是同期进行的。为获得人生成功，个体必须最大限度地利用他们分析、创造和实践能力等优势，同时弥补某些领域的弱点。

这可能包括尽力改善弱点使之更好地适应特定情境的需要，或选择有利于发挥自己特殊优势的工作环境。例如，一个分析和实践能力高度发达、创造能力薄弱的人可以选择去侧重技术专长且不需要太多想象力的行业工作。相反，如果选择的职业注重创新能力，个人可以用其分析优势寻找克服弱势的策略。

因此，该理论重要特征是适应性，包括在个体内和个人社会文化情境内的适应性（Cianciolo & Sternberg, 2004）。而且斯腾伯格还警告说（Sternberg, 2011b），智力内涵远超越"适应环境"，适应环境是传统智力定义的支柱。三元智力理论将智力细分为为适应、改变和选择环境等能力（p.505）。

事实上，延森（1998）对三元理论提出了温和的善意批评，他说三元理论并未直接质疑 g 因素的存在，斯腾伯格理论的许多成分和亚成分是对 g 因素的补充，"其实真正反映不同个体在各种活动中投入 g 因素程度的是成就变量，因个体成就受特殊机遇、兴趣、人格特征和动机等因素的影响"（p.133）。亨特（2001）在一篇不太友好的评论中提到这些问题和其他问题，并善意地评价其他学者对斯腾伯格工作的批评。

斯腾伯格（2011a）对这些类批评和类似的评论做出了回应，他指出"我已收到众多学者的抨击，g 因素理论者和某些学者认为我的理论过于宽泛甚至有点浮夸，还有人认为一般智力是预测人生事业成功的最好预测指标，其他变量都是无足轻重的配角。他们所用的心理比喻和我不一样"（p.312）。斯腾伯格试图澄清"心理比喻"这个问题，并举例说：某人用比喻法来研究智力，说了很多他对现有智力理论和证据的看法（1990）。这些与我们本书讨论的主题非常相似，即理解每个人对智力结构的定义以及他研究所处的历史文化背景的重要性。人脑是一个惊人的创意发动机，但它不能在真空中产生创意或从事研究。

### 3. PASS 理论

道斯（J. P. Das）、奈格列芮（Jack Naglieri）及其同事提出了另一种与众不同的智力理论研究方法，他们提出一种智力模型（PASS），包含计划、注意—唤醒、同时加工和继时加工等四个过程（Das，Kirby & Iarman，1975；Das，Naglieri & Kirby，1994）。PASS 建立在俄国神经心理学家鲁利亚（A. R. Luria，1973）工作基础之上，他提出人类认知的三单元模型：神经唤醒和注意（注意—唤醒）、同时和继时信息编码过程（同时—继时）和系统利用信息指导行为（计划）[8]（Naglieri & Das，2002）。

PASS 理论以神经心理研究为基础挑战 g 理论，神经心理学研究证实大脑是由相互依赖和相互分离的功能系统组成的。脑损害患者的神经影像学研究和临床研究表明大脑是模块化的。例如，左颞叶特定区域损伤会损害口语和书面语的表达，但不影响语言理解（Gardner 在脑损伤病人的研究中也发现了这点）。联络区损伤则产生相反影响，个体言语表达（说话和写字）能力得以保留，但不能理解谈话和书本内容。

正如上文所述，PASS 理论将智力划分为四个相互关联的认知过程：计划、注意、同时性加工和继时性加工。计划是指决策如何解决问题和执行任务的能力，包括制定目标、预期结果和利用反馈，还涉及注意、同时性加工和继时性加工（详见下文），与大脑额叶功能相关联。注意包括选择性地留意某些刺激并忽略其他干扰刺激的能力，且认为高注意过程与额叶计划功能有关。同时加工指将凌乱刺激整合成一个紧密关联整体的能力。同时加工是语言理解所必需的，如"比尔比苏珊高，玛丽比比尔高，那么谁最高？"（Das et al，1994，p.72）。枕叶和顶叶是这些功能的重要脑区。最后，继时加工指将凌乱刺激整合成一个序列的能力。在阅读和书写中将字母和词顺序化就是这种加工的例子。这种加工类型与额叶和颞叶功能有关。

根据 PASS 理论,信息从内部和外部刺激源到达感觉器官,此时四种认知过程开始在个体知识情境内分析这些信息的意义(语义和情境知识、内隐和程序记忆等)。因此,可以用不同方式加工相同信息。

有趣的是,PASS 理论并没有受到太多的关注,既没有赞扬声,也没有批评声,似乎没有达到人们的预期效果。有两套流行智力测验是以该理论为基础编制的:认知评估系统(cognitive assessment system,CAS)(Naglieri & Das,1997)和考夫曼儿童评估成套第 2 版(Kaufman & Kaufman,2004),然而在重要智力理论和研究评述中很少关注他们。至少研究支持是人们一直期待的(Naglieri & Otero,2011),以致使我们感到该理论在这种讨论中是无足轻重的。

# 六、当代一些全新理念

至此,还有一个智力概念,我们只字未提,它就是情绪智力(emotional intelligence,EI),我们纠结的是不知道把它放在什么位置。把它放在最后一章,作为一个有前途的新方向?似乎也不能顺理成章,因为该领域的发展远超出人们的想象。那么就把它作为一个新概念放在本章?似乎这也不是一个很好的解决办法,因为情绪智力理论和研究与之前讨论的认知概念完全不同。考虑再三,最后还是决定把它放在这里(理由显而易见,没办法的办法),尽管我们意识到这种变通有点尴尬[9]。我们也选择不提供 EI 的详细概述,因为这样的概述会很冗长,这方面的优质资料很容易获得(Matthews,Zeidner & Roberts,2012),针对EI 概念、研究和应用的评论也随处可见(Cherniss,Extein,Goleman & Weissberg,2006;Ciarrochi,Chan & Caputi,

2000；Ioseph & Newman，2010；Matthews et al. 2012；Waterhouse，2006）。

情绪智力理论和研究大体上可归为三大类：能力概念、特质概念和混合方法。最著名的能力概念是由梅耶（Jack Mayer）和萨洛维（Peter Salovey）提出的，他们将这种结构定义为"识别情绪和人际关系，并以此为基础进行推断和解决问题的能力。情绪智力包括感知情绪、消化情绪相关发现、理解情绪信息和处理情绪等能力。换句话说，情绪智力是一种独特的认知能力。

梅耶-萨洛维模型包含四个成分：内省调节情绪、理解情绪、情理相融及感知和表达情绪（Mayer & Salovey，1997，Mayer et al，2000）。有趣的是，四种技能被认为是一个连续体，从低水平技能（感知及表达情绪）到高水平技能（情绪内省调节）。人们很容易感受到梅耶-萨洛维模型的认知风味，也可以理解为何他们相信这些技能是可以测量和教授的。此外，他们的工作在许多方面类似于多元智力理论，与三元理论强调用情境理解认知技能有些相似。

彻尼斯（Cherniss，2010）将特质模型描述为"第二代模型"（p.112），因为他们建立在第一代能力和混合模型之上。特质模型包含处理情感的人格特征，按马修斯（Matthews，2012）等人的话说，情绪智力的特质概念指"感知世界的典型行为和方式，而不是一种真正的能力"（p.43）。或许该领域中最著名的研究是佩萃迪斯（K. V. Petrides）和他的同事做的，他们主要建立了特质情绪智力的层次模型，包含四个高级因素：情绪性、自我控制、社交性和幸福感（Petrides，2011；Petrides & Furnham，2003；Petrides，Fumham & Mavroveli，2007）。用专门评估特质情绪智力的工具所做的研究很大程度上支持该模型及其与重要社会情绪结局变量的关系（Frederickson，Petrides & Simmonds，2012；Matthews et al，2012）。

混合模型具有能力和特质双重特征，其中巴安（Bar-On，1997，2000，2005）的研究最杰出和有影响力。巴安的概念包括 5 个高级因素（自我、人际关系、压力管理、适应性和一般心境）和 15 个低级维度。用模型特异性测量，巴安和他的同事们发现情商（EQ）与幸福和成功指标相关，如工作业绩（Bar-On，Handley & Fund，2005）。尽管混合模型在文献中受到了很多批评，但他们对情商研究的早期贡献必须得到认可。

该理论及研究提出一个重要问题：情绪智力真的是一种智力吗？例如，韦克斯勒（1940）认为人格等"非智力"因素可以影响智力发展，他承认这些因素的重要性，并将它们与智力区别开。梅耶等人（2000）直接解决了这个问题，提出了智力的三个标准，简要描述如下：

（1）概念：智力必须代表"心理效能"，而不是像自我概念或"行为偏好"等非智力结构。

（2）相关：一种智力应该在实证上有别于其他"已明确"的智力概念，并且由密切相关的能力所组成，即应该是内部一致和外部独立。

（3）发展：智力应随年龄和领域相关经验而变化。

根据这些标准，梅耶、萨洛维及同事认为情绪智力属于能力范畴，实际上是一种特殊智力。但他们并没有宣称其他模型符合这些标准。事实上，他们对其他方法不看好：

情绪智力的内涵常扩大化（尤其在通俗文献中），除感知、同化、理解和管理情绪这些能力外，还包括其他成分。这些附加概念不仅包括情绪和智力本身，还包括动机、非能力素质和特质及总体个人和社会功能……这样扩大化似乎削弱了原有术语的效用……这些混合模型必须仔细分析，以便将原本属于情绪智力的概念从混合概念或与之掺杂混淆的概念中区别出来（Mayer et.a1，2000，p.268）。

我们倾向认为能力定向模型最符合老百姓通常闲谈时所指的智力，人格特质模型包含人格和情感，不包含智力。这并不是说特质模型和混合模型没有价值或不重要，只是感到有点张冠李戴，胡乱贴上了各种智力标签。

## 七、我们赞成哪种理论

目前许多智力概念缺乏实证支持。批评者常无端指责这些"理论"只是无聊学者一厢情愿的想法，那些学者不喜欢像 g 因素论等经典心理测量学方法，又苦于想不出合适的替代品。

这些批评者是有选择性的，他们忽视那些无法挑剔的证据，他们在我们面前摆出一副不耐烦的样子，因为研究者们花了一个世纪收集到的证据都支持 g 因素论，而当代研究者投入的时间太少。从历史视角看，有些批评让人觉得非常可笑，比如抨击加德纳告诉人们他们想听什么……正像一个半世纪前人们批评高尔顿那样。

与此同时，支持某些当代理论的有力实证支持证据积累的速度没有人们想象的那么快。平心而论，当代理论的宽度应视为积极发展趋势：一直以来，对心理测量学概念不满的研究者没有多少选择；当代理论虽有自己的弱点，但其概念和方法的广度却令人耳目一新。

争论中令人沮丧的是各方都在揭对方过去的伤疤。正如斯腾伯格所说，这种隔阂很大程度上是因各方都使用不同的"心理比喻"；就拿本书所使用的术语来说，各方都以不同方式定义智力结构。许多研究者都非常满意目前的 g 因素概念，认为当代理论有点大言不惭。许多当代理论家相信应用于现实环境是检验理论效度的一种形式，认为他们的理论比 g 因素论更能解决实际问题。我们怀疑这种差异很大程度上是定义的问题。

## 八、你拥有多项潜能吗？

所有这些理论意味着什么？所有这些差异真的重要吗？这些都是冠冕堂皇的问题，我们能举大量实例来回答这些问题。然而，我们不想让你打瞌睡，所以我们只举一个例子来说明这些差异为什么重要：关于多项潜能的争论。多项潜能指一个人可能在几个不同领域取得卓越成就的潜能。从咨询角度讲，这些领域被广泛解释：某人有写作、科学和舞蹈等潜能吗？从研究角度，争论似乎局限于传统学业和认知领域：某人有写作、化学、数学和历史等方面潜能吗？

如果多项潜能确实存在，可能导致一些人才选用问题，包括难以限制职业选择、外界压力迫使追求高职位或高收入职业、必须对教育和培训做长期承诺（如研究生教育或职业教育）、甚至面对职业道路或其他重要事项决策的困惑（如成家—立业困惑）及完美主义倾向（如选择"完美"职业）（Rysiew, Shore & Leeb, 1999）。如果多项潜能不存在，那么咨询策略旨在指导学生考虑多种职业道路可能是不正确的。换句话说，如果你有化学方面的才能，选择这方面的职位可能要等待很久，因此你就放弃这种职业，随便找个其他职位，从长远发展眼光看，实际上限制了你成功的机会。

多项潜能的研究基础非常复杂，有研究支持（Gagne, 1998; Kerr & Erb, 1991），也有研究严厉批评（Gagne, 1998; Kerr&Erb, 1991）。在这场辩论中，我们最喜欢的名言之一是罗宾逊（Robinson, 1997）说的，他指出心理测验的天花板效应可能错误地得出多项潜能表象（也就是说测验条目太容易，所以聪明人所有得分都在99%百分位之上）。她指出这些效应需要被处理，因为它们的存在实际上给人在

"所有领域都有同等潜力的假象"（p.217）。

各种智力理论家该如何看待多项潜能？单因素论的拥护者可能会表示以同情，因为他们通常认为智力的许多核心认知成分是各种脑力劳动的基础。多因素论坚持者可能会对多项潜能想法表现出不同的态度，从历史视角看并不为奇：我们这个时代本身就是以多元化为特征的，人类活动经常（如果不是一直的话）是情境依赖性的、特殊领域定向的，因此也就出现了许多观点各异的智力理论。像我们在本书中讨论的那样，评价每种智力理论都应考虑到它产生的历史背景，因为当今智力主题经常与过去提出的智力理论交织在一起。

再者，一个人看智力结构的角度很大程度上影响他对多项潜能问题的看法。这种情况确实让实践者感到为难，例如一个聪明高中生正在为上大学和职业生涯做准备，指导顾问该如何帮助他？最后，有天赋的学生和有才华学生的家长都认为多项潜能不可靠（Moon, Kelly & Feldhusen, 1997），又认为没有多项潜能就不能很好地工作。与此同时，指导顾问应该尽力避免罗宾逊所说的测验天花板效应，这样可以更准确地测试学生的能力优势剖图。

## 九、你相信自己的智力？

在结束本章之前，我们想给你介绍一个非常重要的观点：相信自己的智力很重要，太重要了。你是相信你的智力"该是什么就是什么"，一种固定不变的特质？还是相信你的智力是可塑的、可以通过努力而改善？你回答这个问题的方式可能会对你的未来智力、学业、职业成功有着深远的影响。原因如下。

美国心理学家德韦克（Carol Dweck）和她的同事们通过几十年的研究发现相信智力具有可塑性的人比那些认为

智力是固定的内部特征的人更愿意接受智力挑战。同样重要的是，相信自己能改善智力的人在面对艰巨任务和困难时刻更能坚持（Deiner & Dweck，1978，1980；Dweck，1975，1999，2007）。这可以使你产生这样的直觉：如果你相信智力是固定的特质，那么你就会重视成功的表面价值，如某次考试中得到 A 就说明你很聪明，对吧？然而，如果你相信智力是可塑的，那么你可能会冒着风险选择一门更难的课程，以便学到更多的知识。虽然考试可能会得个 B，但这并不会使你感到烦恼，因为高难度课程能使你变得更聪明。

这种基本态度差异常被概括为业绩取向（彰显外表聪明）和掌握取向（侧重实际学习）的区别。事实证明表扬学生的方式在决定个体发展健康掌握取向或神经质性业绩取向中起到重要作用。当学生成功时就赞扬他聪明似乎是个好主意，其实并非如此。举例来说，某学生数学考试得了满分，老师或家长可能会表扬她，说些像"你太有数学天赋了！"之类的话。这就发出了"成功就等于聪敏"的信号。这种情况下，那个学生怎么会愿意冒失败的风险去接受智力挑战？毕竟，选择常规课程和轻易得个 A 没有任何风险。相反，老师或家长做得更好些，赞扬她刻苦、努力："你如此认真刻苦地做数学作业，将来一定会成功！"这让学生知道智力可以通过努力和坚持而得到提高，这就为掌握取向和全面提高最大化智力成长潜能建立了良好平台[10]。

**要点**

● 单因素概念继续为研究者和理论者所追随，在当代智力研究中的影响力不会打折扣。

● 随着时间推移，理论会拓宽到包含多侧面的、多个层次的智力模型。

● 心理测量取向理论通常偏爱单因素智力理论，尽管霍恩-卡特尔模型和卡罗尔模型并不同意这种观点。

● 智力理论倾向反映了理论创建时代的历史和文化背景。

● 多项潜能或许存在，或许不存在，但测验天花板效应肯定是真实的，在查看个体能力和未来成功潜能的资料时必须考虑这种效应。

**注释**

1. 谁说学生不能做出重大贡献？

2. 从本质上讲，不要刻意去研究寻找 g 因素，而要去研究探寻数据告诉了你什么。

3. 例如，他提炼出智商得分以反映分数分布，从根本上取代了用心理年龄计算智商值。

4. 向克罗斯比（Crosby）、思齐尔斯（Stills）、纳什（Nash）及杨格（Young）道歉。

5. 你能想象得到，霍尔错了，卡罗尔是对的。

6. 请参阅第四章，加德纳（1983）对这些标准更详细的概述。

7. 当有人引用乔姆斯（Noam Chomsky）、怀尔德（Thornton Wilder）、萨特（Jean-Paul Sartre）及圣拉文斯基（Igor Stravinsky）的研究时，以人类智力不同的视角来阅读是不会错的。

8. 我们认为你正在做同样的事情，但 A-ASSP 并不是一个好的缩略词。此外，尽管道斯使用注意—唤醒这个术语，奈格列芮更关注注意力，他比其他任何学者更多地将 PASS 理论应用于评估，所以我们从现在开始使用他的命名。

9. 如果你对此感到厌烦，或许你应该培养更多情绪智力（EI）。

10. 还有其他精心设计的系列研究，专门探讨人们智力信念，包括"内隐理论"（人的内心理论）研究，尤其是这些信念的发展和跨文化差异研究(Berg & Sternberg, 1985; Grigorenko et a1, 2001; Lim, Plucker & Im, 2002)。这项研究很重要,也很有趣,但它有点偏题。

（顾寿全　程灶火　译）

# 第六章

## 天赋与教养：费林效应
## 给人的启示

关于智力概念的研究，一开始便在智力的起源问题上引发了热烈的争论。在前面章节里，我们讨论了美国优生学运动的起源以及戈达德的社会忧虑。戈达德相信智力主要决定于遗传天赋，他担心，如果允许低智力个体不受控制地生育后代，美国的整体国民智力水平将逐渐下降（Goddard，1912b，1914，1917）。戈达德的担忧从高尔顿那里得到呼应。高尔顿从相反的角度探讨了这一问题，他认为，应鼓励具有非凡智力天赋的个体多生育以逐步增加人群中"天才"的数量（Galton，1884b）。尽管人们没有听从戈达德和高尔顿的警告，但美国、英国以及许多其他国家的国民智力水平却在明显地稳步提升（Flynn，1984，1998，2010）。因此，很有可能的是，你确实比你的父母更聪明，至少在某些方面。其实你已经知道了，对吗？

1984年，费林（James Flynn）首次报道了这一发现，即美国居民在智力测验上的得分每10年会提高3分多一点[1]。这相当于在费林初步调查的46年里，IQ平均分提高了13.8分，几近1个标准差（Flynn，1984）。这种随时间推移而IQ上升的现象，并以发现者命名——费林效应（Flynn effect），在本书中我们将其简称为FE。"你可能会比你父母聪明"明显是我们的一种幽默说法，而FE却是一个非常深刻严肃的话题。它在研究人类智力的当代学者中引发了极大的兴趣和争议，而且，正如你将在后续章节中看到的，有关FE的某些争论，曾经并将继续对一些人造成生死攸关的后果（Flynn，2006，2007，2009；Kaufman，2009，2010）。

要理解 FE，就得理解 IQ 是一个相对值而非绝对值，这一点很重要。IQ 提供的是关于个体与其他接受 IQ 测试的同龄人相比其表现如何的信息。IQ 分布被仔细调整至拟合正态分布曲线，其平均数（基于历史惯例的人为规定）为100，（通常）标准差为 15，也有测验将其定为 16。通过正态曲线，很容易获得任意 IQ 值，并知道每个 IQ 值在特定群体中对应的百分位及高于或低于该 IQ 值百分比。某些 IQ 值的人数非常罕见，比如低于 70 或高于 130，在人群中略多于 2%，分别用于诊断某特定个体是否为智力残疾（IQ 低于 70）或超常智力（IQ 高于 130）（Kaufman，2009）。

要实现 IQ 测验的上述作用，则必须事先将 IQ 测验基于有代表性的常模样本进行标准化（常模），只有建立常模，测验的分数才有意义。这意味着必须抽取一个种族、社会经济地位和地理分布等构成比与测验使用群体大致接近的、不同年龄的大样本来回答 IQ 测验的所有原始题目，以便测验编制者了解群体中各年龄段大约有多少人可能正确回答出每一道题目。一旦这个精细费时的阶段完成，测验就可以出版以供临床专家和研究者们使用。以前，测验编制者对常模更新很慢：在韦氏儿童智力量表（WISC，Wechsler，1949）和韦氏儿童智力量表修订版（WISC-R，Wechsler，1974）之间时隔 25 年，又过了 17 年才发布韦氏儿童智力量表第三版（WISC-III，Wechsler，1991）。然而，自从费林发现人们易在旧的智力测验上获得更高的分数后，测验编制者就很注意定期地修订常模了（Kaufman，2009，2010）[2]。

相比之下，费林的方法则比较直接。他收集了所有可检索到的研究，这些研究中同一群体接受了至少 2 种以上的智力测验，并且这些智力测验的常模年代至少相隔 6 年以上（即采用了至少一个"老"测验和一个较新的测验）。为了尽可能提高研究效度，费林使用了多种排除标准。比如，如果研究中所使用的一个智力测验大量沿袭了另一个测验的内容，因而有可能引起明显的练习效应；如果两个测验的实施时间相隔超过 2 年，在这么长的间隙期智商可能发生真正的变化；如果接受测验者在两次测验期间经历了重大的生活改变，比如从贵族学校转到平民学校；或者，研究所得的数据没有覆盖正态曲线中的全部 IQ 范围；诸如此类的研究都被剔除。最后 73 个研究纳入了费林的研究中，包括近 7500 名被试的数据，涉及 8 个标准化样本之间的 18 种测验组合。

费林使用每个测验版本的标准化数据建立一种统一的计分规则，以计算每个测验的平均分。他的发现表明，总的来说，受试者们在"老"测验上表现得明显好一些，这意味着老的常模群体不如新的常模群体聪明。这种 IQ 提高的现象在所有年龄段（2~48 岁）都保持一致，而且从 1932 年到 1978 年几乎呈线性增长。这种线性模式提示，随时间推移，人们以一种相对稳定的速率变得越来越聪明。

1987 年，费林发表了一项 14 个国家的测验数据的追踪研究结果。其结果显示，每一代人将比上一代人 IQ 提高 5~25 分，并且不同国家之间的结果相似（Flynn，1987）。不过，这一次他更关注那些旨在测量流体智力而非晶体智力的智力测验（或分测验）的得分随时间增长更多（Kaufman，2009，2010）。WISC 的相似性分测验（主要测量流体智力）以及瑞文推理测验（1981）（同样被认为测量流体智力）成绩的巨大提高尤其引人注目。流体智力被认为较少依赖于正规学习和生活经验，因此，这些研究结果非常出人意料（Ceci ＆ Kanaya，2010）。说明费林效应不能被人类知识更新所致的代际知识增进所解释。人们不仅知识量增多，而且获取知识的方式也发生了改变。他们合理解决新问题的能力以及抽象思考的能力比他们掌握知识和词汇的能力提高得更快一些（Flynn，2007）。

迄今，已有 29 个国家发现了费林效应（Ceci & Kanaya，2010；Flynn，1998，1999，2007，2009；Wechsler，1991；Zhou，Zhu & Weiss，2010）。在大部分国家里，这种 IQ 增长趋势持续了整个 20 世纪并延续到 21 世纪（Ceci & Kanaya，2010；Flynn，2007；Flynn & Weiss，2007；Kaufman，2009；Zhou & Zhu，2007）。然而，似乎在挪威（Sundet，Barlaug & Torjussen，2004）和丹麦（Teasdale & Owen，2005，2008）并未出现 IQ 增益现象，甚至出现相反现象（随时间推进群体IQ 降低）。还有学者（Yang，Zhu，Pinon & Wilkins，2006）报道称费林效应正在美国幼年儿童身上发生逆转。一项基于近 2 百万名美国五、六、七年级学生的测验数据表明，在高能力（顶端 5%）青少年身上，FE 仍保持强劲势头（Wai & Putallaz，2011）。

## 一、费林效应的原因

学者们一致认为，全球性 IQ 提高是真实存在的（McGrew，2010）。然而，在引起费林效应的原因问题上则存在大量争论（Ceci & Kanaya，2010）。研究者们提出了各种解释，包括营养改善（Colon，Lluis-Font & Andres-Pueyo，2005），公共卫生事业进展（Steen，2009），更好的教育（Teasdale & Owen，2005），一般环境因素（Dickens & Flynn，2001），以及罕见遗传原因（Rogders & Wanstrom，2007）。少数研究者则认为，FE 也许只是某种统计学或方法学误差而已。

流体智力比晶体智力增长更为明显这一事实使得费林认为，费林效应是由一种从具体化思维向抽象思维转变的社会变迁引起的。他认为，科学技术发展促使更多的新生代使用抽象思维而非具体方法来解决问题。这些"新的心智习惯"特别青睐逻辑和假设推理，表现出与前几代人截然不同的加工方式（Flynn, 2007, p.53）。

在过去几代里，智力就存在于日常现实中。我们与前几代人的区别在于我们善用抽象思维，来解决由于科学将思维从具体情境中解放出来而产生的抽象问题。自19世纪50年代开始，我们在解决各种问题时变得越来越机敏灵活（Flynn, 2007, pp.10-11）。

斯腾伯格认为，费林的解释似乎有道理，但他所说的科学技术和思维发展无法解释世界上许多国家一致存在IQ提升这一现象，因为各国技术创新及教育普及程度和质量并不一致。多元交互作用的因素，尤其是"世界日益复杂，人们必须提高智力以顺利适应这一世界"更有可能引起费林效应（Sternberg, 2010, p.435）。他把这个世界比作一个"全球性父母，它指导人们在某些技能领域更多地发展，比如IQ测试中所测量的抽象思维和符号推理能力……这些技能发展部分是对环境要求回应：抽象推理能力已经在当今的世界变得越来越重要"（2010, p.436）。

考夫曼（Alan Kaufman, 2010）同样指出费林的观点存在某些潜在问题。他承认FE的存在以及FE对总体IQ的重大影响。但是，费林以人们在特定分测验上得分的代际增长作为人类抽象思维能力的代际提升指标，考夫曼对此持强烈批评态度（2007, 2009）。在WISC（Wechsler, 1949）修订成WISC-R（Wechsler, 1974）时，它在测验内容、施测程序和计分准则等方面的巨大改变引发了众多争议。这些改变意味着，当费林比较儿童在新旧测验上的表现时，就好像他在比较苹果和橘子。尤其是，费林不应该将他关于流体智力增长的断言过度地锚定在WISC和其后续修订版之间在相似性分测验上的重大进步。考夫曼说"大部分所谓的进步都是假的"（Kaufman, 2010, p.384）。下面是他的一些解释。

首先，1949 年 WISC 修订版在年龄范围上做了一定的变动：从 5~15 岁变成了 6~16 岁。这要求在项目难度和类型上需做一些有意义的调整。重大改变大多体现在相似性测验以及其他利于 FE 解释的分测验上（Kaufman, 1990, 2010）。其次，修订版修改了相似性测验某些项目的措词以反映新的研究进展，这些研究指出，年幼或文化处境不利的儿童有时候误解了旧版中的措词，从而导致在该分测验上得分较低。再者，在 WISC 施测环节，并没有给儿童提供反馈，告诉他们抽象答案比具体答案更好，同时他们解决某些问题的速度也会作为计分依据。这些在 WISC-R 中做了改变。最后，WISC-R 给主试者提供了更为明确、清楚的指导，比如什么时候以及如何要求受试者（进一步）阐述他的反应。这意味着 WISC-R 的得分能更精确地反映儿童的抽象思维能力。

考夫曼同样指出了韦氏成人智力测验（WAIS, Wechsler, 1995）上的一些重要改变，这些改变如此重大，因此"根本不可能对 1947—1972 年间这个任务上的分数提高进行解释，而这恰恰是费林（2007）所做的"（2010, p. 385）。由于 WISC 和 WAIS 绝大多数国外版本非常忠实于美国原版（通过忠实翻译测验项目而非修订项目内容以适应本国特定文化背景），因此与美国（测验）数据结果相关的问题同样也适用于全球各国（van de Vijver, Mylonas, Pavlopoulos & Georgas, 2003）。

考夫曼（2010）也试图以瑞文推理测验（1938, 2000）成绩的代际重大进步为例来反驳费林的观点（1999, 2007, 2009）。考夫曼指出，早期瑞文测验的受试者对该测验的项目类型完全不熟悉，但现在情况不同了。包含相似项目的书籍和网站在传媒中激增，只要使用"瑞文矩阵"快速搜索即可找到。瑞文和瑞文类型的题目现在频繁地用于诊断，而且大都是被一些非心理学家使用着。这意味着这些项目不像韦氏测验中的项目一样受到职业和伦理约束的严密保护（美国心理学会，2002），因此后面的人们可能确实做了一些（相关）练习。于是，考夫曼问道：所谓流体智力的代际进步，有多少实际上是源于测验经验和练习效应？

在一篇反驳性文章中，费林（2010）称他的方法可以解释 WISC 和 WAIS 测验结果的变化，而且他不认为人们可以在书籍和网络中轻易接触到瑞文类型的题目。他自己在书店里进行了一番搜索，发现大部分益智图书中即使有也只有极少题目与瑞文类型相似。并且，他还发现了很多书中都包含了与 WISC 图画填充、知识和词汇测验相似的题目。因此，如果人们想练习，那么他们也有机会去练习其他 IQ 测试，而不应该把瑞文测验单独挑出来作为批判费林效应的靶子。他承认测验熟练性和练习效应可能是一个问题，因为人们整体上是对智力游戏题越来越熟悉的。但是，这或许只能解释瑞文测验 25% 的得分进步。假定随时间而累积的练习效应最高极限为 6 个 IQ 分（Jensen 估计，1980），那么 FE 会变小些。比如，练习效应有可能将荷兰 18 岁组在 1952—1982 年间的 IQ 增值由 21 分降到 15 分（Flynn，1987），或者将英国成人在 1942—1992 年间的 IQ 增值由 27 分降到 21 分（Flynn，1998）。即使考虑到练习效应，IQ 总体增量仍然是相当可观的。

## 二、费林效应和特殊人群

费林效应是一个复杂且多层面的现象，这一现象对于心理学家以及其他强烈关注人类能力成长和变化的人具有天然吸引力。然而，费林效应研究已经超越了单纯的学术兴趣。费林效应和某些弱势群体存在着特殊的关联，其意义引起了法学界的严密观测和讨论。正如雷诺兹（Cecil Reynolds）指出的那样，决定是否需要根据费林效应来调整 IQ 测量值，已经成为"一个在心理学中极少遇到的、具有迫切意义的问题"。接下来这一部分将回顾费林效应若干潜在的紧迫意义。

### 1. 接受特殊教育服务的学生

费林效应与那些被诊断为需要接受特殊教育的学龄儿童之间有着特殊的关系（Ceci & Kanaya, 2010）。通常，接受特殊教育的学生至少每三年就要接受一次 IQ 测试。根据费林效应，这里面存在两个问题。首先，如果每次都使用同一个测验常模，则儿童的 IQ 分将随着时间而逐渐增加，这意味着可能他（或她）所测出的 IQ 会超出他们所接受的最基本的教育服务程度。反过来，如果重复测量时使用新的常模，则孩子们的 IQ 值又可能会下降，从而给人以"孩子们实际上在退步"的错误印象（Ceci & Kanaya, 2010）。确凿证据来自卡娜雅、斯库林和塞西（Kanaya, Scullin & Ceci, 2003）的一项研究，他们发现，在 WISC-R 被 WISC-III 取代后，被诊断为智力发育迟滞（MR）的儿童数量几乎翻了三倍。当然，对智力障碍的过度诊断也给学校带来了更多的经济负担和潜在社会污名（stigma），其影响可能延续到学龄期以后（Ceci & Kanaya, 2010; Mercer, 1973）。

为使 FE 的影响最小化，费林（Flynn, 2007）提出对过时的测验常模予以校正，常模每过时一年，受试者的分数就减去 0.30 分。这种调整，一般被称为"费林校正"，得到了很多临床医生、研究者以及法律权威者的认同（Kaufman, 2009, 2010），并且已经得到了美国智力与发展障碍协会（AAIDD, Schalock et al, 2010）的认可。

### 2. 死刑案件

"阿金斯诉弗吉尼亚州"案（Atkins v. Virginia, 2002）

规定，若被定罪被告属智力障碍（MR）[3]，则不能对其执行死刑，因为这违反了美国宪法第八修正案中对酷刑的禁例。因此，现在很多谋杀案件的审判阶段都取决于是否应用费林校正公式来调整已观测到的 IQ 值（Flectcher, Stuebing & Hughes, 2010; Flynn, 2006; Kaufman, 2009; Kaufman & Weiss, 2010）。考虑到（判定）谋杀案件的巨大风险，现在 FE 通常被视为一种支持证据。的确，有好几起法庭判例都规定，在认定一个被告的 IQ 时应将 FE 考虑进去（Flynn, 2007）。一般来说，智力障碍的鉴定程序是一个非常复杂的过程，因为它得考虑到临床判断、适应功能、IQ 测试以及测量误差等因素的综合影响。然而，诉讼案件双方的专家们常常对于不同渠道来源的证据的意义并不能达成一致意见，因此很多智力障碍案件的鉴定实际上是指适应功能不良以及 70~75 之间的 IQ 值（Flynn, 2006）。当测量到的 IQ 处于边界值时，FE 就意味着终身监禁和死刑的区别。比如在一个案件中，某罪犯在一个修订已过 20 年的常模上算得 IQ 为 73。如果法庭遵从严格的标准，以 70 分为智力障碍的分界点，那么这个罪犯将被执行死刑。但是，FE 指出，如果使用最新的常模再测这个罪犯的 IQ，那么现有的 IQ 值实际上会比再测 IQ 高 6 个点。使用费林校正公式计算，其实际智商只有 67，它使得被告处于安全境地，从而拯救了他的生命（Kaufman & Weiss, 2010）。

　　一些知名心理学家经常被邀请去做有关 FE 应用的专家证词（Flynn, 2006; Kaufman, 2009）。很多人称，既然实际上不可能每年都重建一次常模，那么应当经常使用"费林校正"以找到适合于某个特定被告的常模对照组。正如弗莱彻（Fletcher et al, 2010）提出的，"我们不能期望儿科医生们使用其他国家或其他年代身高和体重表来计算（当下）孩子们身高或体重的百分位级"（p.470）。不过，也不是所有的专家都同意这种类比。最近有关 FE 的研究已有新的发现，这可能让那些醉心于使用费林校正的人稍微清醒一点。

周、朱和韦斯（Zhou, Zhu & Weiss, 2010）在对 FE 的检验中指出，FE 大小随受试者的能力水平而有不同。因此，对所有人不论能力高低都进行同样的费林校正（常模每过时一年减 0.3 分）将会对 IQ 造成系统性的高估或低估。遗憾的是，这些研究者所采用的与他人不同的统计方法使得其研究结果招致争议。因此，从该研究中难以确定智商水平偏低、中等以及较高的人中，究竟是何者的 FE 变化会更大一些。要回答这个问题还需要做更多的研究。不过，费林（Flynn, 2010）同时也坚持，即使犯错也还是稳妥点好，在涉及谋杀案件的量刑，或必须是 IQ 在 70 以下才能享受特殊福利（比如特殊教育服务）的情况下，建议使用每年 0.3 分的费林校正。

哈根、德罗金和吉尔梅特（Hagan, Drogin&Guilmette, 2010）不同意上述论点。他们认为，最好使用实得 IQ 值，然后再解决那些影响其效度的因素，而不是使用费林校正来修改实得的 IQ 值。他们之所以这样说，是因为根据文献，FE 大小是"一个不断变动的东西"，它可能随着年龄组、能力水平和使用的具体测试不同而变化（pp. 474-475）。既然某个特定个体的确切 FE 大小不可知，那么使用一个通用公式来进行 IQ 校正就是不合适的。不过，雷诺兹、利兰德、怀特和罗森（Reynolds, Niland, Wright & Rosenn, 2010, p. 270）反驳了这一点，他们提醒我们说："心理学中几乎所有的效应都是基于聚合数据和群体，以及随后从群体到个体的概率估计"。对这些研究者来说，最重要的是"任何人的生活都不应该取决于一个 IQ 测验的常模是何时建立的"（Reynolds et al, 2010, p.480）。

## 三、教养促天赋

对一个长方形的面积来说，是长重要，还是宽更重要（Meaney, 2001）？如果你回答不出这个问题，那么我们试问另一个问题：对人类智力而言，先天素质重要还是后天教养更重要？也许这两个问题有着同一个答案。欲知详情请读下文。

关于 FE 的可能原因及其意义的争论只是一个古老话题，即"人类智力发展中先天素质和后天教养的相对重要性之争"的现代翻版。从第一章你可以知道，"天赋与教养"是一个非常古老的话题。柏拉图曾经试图在一段苏格拉底式的对话中给出一个确切的答案，但未成功。在此后各世纪中这个争论以各种形式反复出现。如你所知，早期有影响的作家，如戈达德和高尔顿，代表着遗传论的一端。这一派的支持证据来自于 20 世纪中期著名的英国心理学家伯特爵士（Cyril Burt, 1883—1971）发表的一系列文章。这些文章旨在表明自出生起就被分开抚养的一对同卵双胞胎的 IQ 值之间存在极大相关，这个强有力的证据说明双胞胎所经历的不同环境对他们的智力影响极小（Burt, 1966）。这些文章似乎平息了这一场争论，至少有那么一段时间，如果不是有美国心理学家利昂·卡民（Leon Kamin）和其他批评家对伯特的研究方法表示怀疑。后续的分析（也不乏批评）暗指伯特有可能伪造了数据（Kamin, 1974）……或者也有可能没有伪造（Mackintosh, 1995）。

尽管如此，伯特的数据值得重视，双胞胎研究、养父母研究，以及其他行为遗传学工具为这种观念提供了合法的实证支持，即智力至少部分，或许还是相当大的部分由遗传天赋决定。在那些备受推崇的研究里（Mandelman &

Grigorenko, 2011)，遗传度估计(一种计算在某个特定群体内遗传素质可解释某种特质的变异比率的统计方法)智力的遗传度介于 40%~60% 之间。这意味着，通向聪明的捷径之一是挑一对聪明的父母。

当然，基因也不是意味着一切。一些早期的研究者，如行为主义者华生(John B. Watson, 1878—1958)，持坚定的环境论立场，认为环境在塑造智力的过程中起决定作用。他有一句名言可以表明这种观点：

给我一打健康的、形体完好的婴儿，让我在我自己特殊的环境中教养他们，那么我可以担保，在这些婴儿之中，我随便拿出一个来，都可以把他训练成任何一种专家——医生、律师、艺术家……无论其天赋、嗜好、倾向、能力，以及祖上的职业和种族如何(Watson, 1930, p.82)。

21 世纪的学者很少认同华生的观点[4]，但是行为遗传学研究确实为"环境在决定智力方面起到了极其重要的作用"这一观点提供了支持证据。比如，多方面研究证据表明，IQ 部分可归因于共享的家庭环境、社会经济地位、教育以及营养等因素(Mackintosh, 2011; Nisbett et al, 2012; Schaie, 1994, 2005; Staff et al, 2012)。环境对智力发展的促进作用对(学校)教育和(家庭)养育有着非常重要的启示，为很多早期干预计划提供了实证基础。它给了我们一个乐观的理由。同时也告诉我们，投胎到遗传优越的父母并非就万事大吉。

然而，最后要给出一个到底是天赋还是教养对智力更重要的结论是非常困难的，或者说是不可能的。这个话题的复杂性远远超出了本书的范围。在看完本书的时候，你最好能这样看待这个问题：将论战界定为"天性与教养"之争，一开始便误入歧途了。代之以"教养促天赋"那就好多了(Ridley, 2003; Blair & Raver, 2012; Bronfenbrenner & Ceci, 1994)。先天素质和后天教养都影响着智力的发展，而且二者又循环交互地互相影响着。正如计算长方形的面积时，你确实也无法区分究竟是长重要，还是宽更重要，对吧？

FE 也是如此。也许深入探寻 FE 的前因后果将有助于我们搞清楚观测到的 IQ 增值是否代表了人类智力的真正进步，并阐释这些进步的原因，同时也有助于社会更好地把握不断增长的 IQ 的意义。这一点已经被证明对那些接受特殊教育服务的孩子以及杀人犯具有重大影响。如果这种持续的、全球性的 IQ 增长确实代表了人类智力的进步，那么它对我们人类自身的未来发展的意义也许更为深远。

**要点**

● 费林将 FE 解释为后天教养的结果，因科学技术知识的日益普及致使整个社会朝抽象思维方向转变，这一论点也许并未获得如他所期待的数据支持。

● 很多学者也就 FE 提出了不同的解释，包括营养水平提升，公共卫生事业进展，更好的教育，整体环境，以及基因等。

● 有些研究者认为 FE 只是一个统计学或方法学上的操作结果，而不是说智力真的有增长。

● 智力的遗传度估计值一般在 40%~60% 之间。

●"教养促天赋"的想法比"天赋与教养"更好。

**注释**

1. 有评论者指出，费林并不是第一个观察到这种现象（FE）的人（桑代克，1977），但费林似乎是第一个透过多个国家的多组数据系统地观察到标准化样本之间的这种 IQ 值增长模式。

2. 考夫曼在其撰写的心理学热点专题系列丛书之一《智商测试》（2009）中，详细描述了建立常模的过程。如果有读者想了解更多的常模建立程序就可以参考该书。

3. "智力落后"（mentally retarded）是"阿特金斯诉弗吉尼亚州"案中使用过的一个说法，而非对"智力或发育缺陷者"（mental retardation）的新名称。

4. 其实连华生自己也不会同意这段话。当人们在读这段名言时，往往忽略了接下来了的一句话："我承认这有点夸大其词，但是持相反主张的人已经夸张了几千年"。

**（钱乐琼　周世杰　译）**

# 小议智力种族差异

我们根本不想谈论这个话题。那么你们要问，你们为什么要写这一章节给我们读？答案是编辑让我们写的[1]。实际上，我们不想纠缠于智力种族差异这个问题是有充足的理由的。首先，在许多智力理论中最受争议的部分都与种族有关，这使得许多人把广义智力概念视作毒药，避而不谈。我们最初的想法是避免把过多的注意力放在智力的种族问题上，以免进一步强化这个令人不快的历史话题。关于智力，有那么多迷人的且具有挑战性的话题值得一谈，而且不会惹来麻烦，我们何乐而不为呢？[2]

此外，还有一个比较自私的理由，对于研究者来说，种族问题从来都是个烫手山芋。在这个话题上，说错话或表述不准确从而引起误解的可能性是极高的。这部分是因为几乎所有关于种族的讨论都是情绪化的。根据我们的经验，事情一旦情绪化，就会变得主观化，我们所追求的冷静客观的分析便被抛之脑后。

我们本来打算在本书中只是委婉地提及智力的种族问题。当编辑建议我们重新考虑这一决定时，第一作者（Jonathan）想起了一年前他与著名学者唐娜·福特（Donna Ford）的一次对话。唐娜是美国范德比尔特大学的一位教授，她长期关注学生们在教育体制和社会上所面对的种族偏见问题。在一个给政策制定者做情况简报的专家座谈会上发言之后，唐娜把乔纳森（Jonathan）拉到一边，对他说："你有必要公开谈论种族问题，人们需要听你对这个问题的看法！"乔纳森回应道："作为一名白人男性，我谈及这个话题是会惹人非议的。我担心我的话会被曲解，或者人们会说我这个白鬼根本弄不清楚状况。我长得真的很白。"幽默的唐娜眯着眼睛说："你担心的情况的确很可能发生,但这不能成为你停止尝试的理由。"说到这,她突然停顿了一下,由上到下打量了一遍乔纳森,继续说道"你的确非常非常白。"说得好,福特教授,一针见血啊!

现在,我们来谈谈种族吧。

暂时把情感因素放到一边,对于学者们来说,这个问题之所以这么复杂,一定程度上也是人为造成的;学者们在进行有关种族和文化等令人头昏脑涨的论述时,常常把自己也弄糊涂。著名地理学家贾雷德·戴蒙德(Jared Diamond)就是个例子。在其考察人类社会差异原因的普利策奖获奖作品《枪炮、病菌与钢铁》(Guns, Germs and Steel)一书中,他是这样写的:

> 最常见的解释包括……假设种族之间存在生物学上的差异……如今,西方社会各阶层在公开场合虽然否认种族主义,但许多(可能是大多数)西方人在私下里或无意识地仍然认同带有种族偏见的解释……人们反对种族主义论调,不完全是因为它们令人厌恶,更是因为它们是不合时宜的(Diamond, 1999, p.18-19)。

贾雷德绝不是一个粗野的家伙!把与其意见相左者称为种族主义者虽然粗鲁无礼,但从他的理论观点上看又是可以理解的,而且他的基本观点还很难辩驳。然而,他自己却通过注释推翻了自己的观点,"实际上,现代'石器时代'人总体上可能比工业化时代的人更聪明"(p.19)。他又重复了几遍这个主张。尽管在书的最后,贾雷德明确表示他相信是环境而非遗传因素导致了不同种族在社会发展上的长期差异,但是由于其言论暗示不同社会之间智力差异甚巨,他又在某种程度上把他试图平息的争论之火点燃了。其结果是"退一步,进两步"。

在前面的章节中,我们提到过智力理论和研究在优生学上的邪恶应用,这种情况出现于19世纪末20世纪初,至今遗脉尚存。尽管我们很想假装以为这一人类社会的污点很快消失了[3],但关于智力、种族和性别的争论,每一两个时代就会爆发一次。1994年出版的《钟形曲线》(*The Bell Curve*)和2013年的瑞彻瓦恩(Richwine)事件就是最好的例子[4]。过去的几十年中,研究者和理论家都或明或暗的表示过非白种人、女性、穷人、未受教育者、残疾人、爱尔兰人和某些人群比另外一些人群智力水平低,并据此提出了一些改善这种情况的补救措施(其中许多方案假定所谓的智力低下是遗传决定的)。在本书中,我们一直强调在学习智力问题时要将有关的历史背景牢记在心。这是一个双行道,当谈到一些与"智力"相关的令人不快的内容时,也不要忘记其历史背景。当一些家长表示不希望自己的孩子参加智力测验时,心理学家和老师们应当体谅他们。他们或曾亲身经历或从长辈那里听说过在教育和社会服务方面存在种族歧视、性别歧视、阶级歧视或其他形式的歧视。

有两个基本问题需要回答:①不同人口学组别在智力测验得分上真的存在差异吗?②如果存在差异,那么这种差异在本质上是遗传决定的,还是环境决定的?

第一个问题的答案通常是肯定的。即使是许多"文化公平"测验也发现测验分数存在人口统计学的差异。但是,对于第二个问题已经激烈争论了一个多世纪,而且暂时还看不到情况会得到改善的迹象。尽管如此,基于目前的证据,我认为亨特(Hunt, 2012)对这个问题的阐述还是比较公正的:

某些心理学家坚定地支持这类假说:一般认知能力上存在的种族差异根源于遗传因素……两位最坚定的智力遗传决定论的支持者曾说过:"遗传和文化对黑人与白人智力差异的作用与其对智力的个体差异的作用是完全相同的,对于成年个体来说,智商的80%由遗传决定,20%由环境决定"(Rushton& Jensen, 2005, p. 279）。反对者则坚称智商的种族差异与基因没有半点关系（Nisbett, 2009, p. 197）。这两类极端观点都是失之公允的。

智力测验得分上的种族差异确实存在，在谈到这个问题时，当然还得考虑到性别和社会经济状况的影响，但是我们还不知道为什么存在这种差异。是遗传因素？还是环境因素？抑或是测验项目或测验情境本身存在文化偏倚？估计大部分公开发表的研究会取脚踏三只船的观点：部分来自遗传，部分源于环境，部分则是测验偏差，而其中遗传和环境的交互作用是最主要的原因。遗传的影响是以种族、性别、社会阶层为基础的吗？可能是，也可能不是。我们换个角度看这个问题：至少在教育和政策领域中，造成智力测验得分上的种族差异的原因并不重要。

赫恩斯坦和默里（Hernnstein & Murray, 1994）若是看到我上面的观点一定会大发雷霆，拉什顿和延森（Rushton & Jensen, 2005）也会气得半死。后两位曾发表过十分大胆的言论"否定遗传在人类演化过程中的作用是无知的表现，而且这对个体和社会都是有害的"(p. 285）。拉什顿和延森的观点从来都是不留情面的。不过且慢，当然没有人会认为遗传在人类演化过程不起任何作用啊，但把不同意"种族差异是由遗传决定的"的科学家们称为"无知"就太不合逻辑了。

为了便于讨论，我们不会涉及根据人种、性别、民族或其他人口统计学因素来划分出的人群在智力测验得分上的差异[5]。拉什顿和延森估计白人和黑人在 IQ 上的差异达到 15 分，大约一个标准差[6]。坦白地说，这个差异如此之大。事实上，这么大的差别让我不禁想起前面章节提到过的戈达德对埃利斯岛上的移民进行的调查。戈达德发现某些移民群体在智力测验上的表现非常差，这使得他开始质疑种族差异的遗传基础。当群体间的差异大到令人惊讶时，就应该引起研究者们的重视了。

普拉克、伯勒斯和宋（Plucker, Burroughs & Song, 2010）的一项研究就是个很好的例子。他们的研究目的是调查在国家或州成就测验中处于最高成就等级的比率是否存在种族差异[7]。结果表明在白人学生、黑人学生和西班牙裔学生之间存在明显差异。以2011年小学四年级的数学考试成绩为例，白人学生、西班牙裔学生和黑人学生成绩达到"优秀"的比例分别为9%，2%和1%。更重要的信息是，在1996年，这一比例分别为3%，0.2%和0.1%。在不到一代的时间里（通常认为是30年），群体间的差距扩大了如此之多。面对如此大的教育成就上的差距，你还会认为是遗传引起的吗？大概不会了吧。白人小学生在2000年到2003年学业成绩的提升不可能是因为他们突然在那时获得了遗传上的优势。因此，环境是引起这种差异的最可能的原因，基于教养的解决方案是缩小学业成绩种族差异的主要方式。

最后，正如亨特（Hunt, 2012）所说，造成人群之间差异的原因有很多：生活在鹿特丹（荷兰）的人和生活在阿克拉（加纳）的人有许多不同之处，外貌上的差异主要来自遗传的影响，而语言上的差异则可能主要是环境导致的。不妨进一步思考，人类世世代代的进化，是否可能受到环境的影响，经过世代的累积最终导致基因上的差异呢？弄清楚人群差异背后的原因是一个有趣且复杂的科学课题，不管怎么样，最终，长相完全不同的荷兰人和加纳人却在用英语进行交流。我们又回到了长方形的面积问题。

声称种族之间存在智力上的遗传差异无异于向公共言论中投了一个燃烧弹。这会招来恶名，但这一话题却被一再提起而完全不在意其声名狼藉的历史，对那些用这种论调为种族歧视、糟糕的政策和行为辩护的人来说，更是一副强心剂。2013年的瑞彻瓦恩事件就与移民政策改革有关。最后要说的是，无论基于种族（或性别、社会经济地位等因素）划分出的群体之间是否在智力上存在遗传差异，对我们的生活都没有什么现实意义。

**要点**

● 基于性别、种族和其他人口统计学因素划分出的群体之间的确存在智力测量结果的差异。

● 这类差异甚至在"文化公平"测验中依然存在。

● 对于这类差异所代表的意义，研究者之间存在很大争议，至今没有达成共识。

● 智力上的差异可能有其遗传原因，但用遗传决定论去解释智力的种族差异是不恰当的。

● 最后，对绝大多数人来说，知道引起人群间智力差异的"真正原因"可能并没有什么意义。

**注释**

1. 是真的，是编辑要求我写的。不过，他们是对的，这个话题是无法回避的。

2. 另外，还有一个更实际的理由，就是考夫曼在《智商测试》（心理学热点专题系列）中已经对这个话题做了全面、富有成效的论述。

3. 著名喜剧演员路易斯（Louis C. K.）曾在一个夜间脱口秀上说过，某些美国人假装奴隶制是几百年前的事，其实，它就存在于 140 年前，"仅仅两个 70 年"。我们必须谨记，系统的、法律上的种族歧视在 20 世纪 60 年代还存在于美国的法律中。就算在今天，许多美国人也没有过上宪法上所规定的"独立平等"的生活。

4. 瑞彻瓦恩（Jason Richwine）是美国传统基金会出版的反移民报告的联合作者，最近被披露出他曾在自己的博士学位论文中论述过白人与西班牙裔人在智力上的差异。不出所料，一场针对他的争议爆发，甚至美国传统基金会都与他划清界限。

5. 因为已经存在大量这类的研究,如果感兴趣的话,也是可以讨论的。

6. 对于非言语智力测验是否能够缩小或消除群体差异这个问题存在很大争议,尤其是在鉴别资优生方面。有人同意,有人反对,近来出现了第三种观点:假定某些类型的非言语测验是种族中立的,那么在以后的非言语评估中就应该把不同类型的题目区分对待。

7. 在小学教育阶段,美国教育部规定的教育评估等级包括:不及格,及格,良好,优秀。

**(杨　娜　周世杰　译)**

# 第七章
# 创造力和天赋

我们知道你心中一直存在一个疑惑：为什么要在《智力》（心理学热点专题系列）这本书里插入创造力和天赋这个章节？其实插入这个重要章节有几个理由。首先，许多心理学主题都没有涉及积极心理学，即心理优势。其次，也许不那么重要，我们怀疑大多数人想到某个"聪明人"时，通常会考虑到智力和创造天赋。正如本书前面所述，智力结构定义是非常重要的，明确区分智力、创造力和智力天赋等的相关结构有助于我们更好地理解每种结构。

同样，人们发现这些结构的关系很有意思，并一直受到学者和普通民众的关注。事实上，这些结构也与多数重要天赋理论高度相关，譬如智力和创造力理论。斯腾伯格和奥哈拉（Stenberg, O'Hara, 1999）注意到，智力与创造力的关系不仅具有重要的理论意义，而且其答案可能影响到众多儿童和成人的生活。正因如此，这些结构的潜在重叠关系引发许多现实问题，涉及教育、管理和人力资源等领域。高智力者是否意味着具有更强的创造力？高智力水平与社会技能（尤其是通过社会互动解决问题的能力）有何内在联系？如何将智力转化为在教室、操场、会议室或社会等现实世界的成功呢？

## 一、智力与创造力

一般情况下，这方面的理论和研究都是模棱两可的，而且经常相矛盾。例如，阈值理论认为智力是创造力的必要条件，并非充分条件（Barron, 1969; Yamamoto, 1964b）；

认证理论侧重于左右人们展示智力和创造力的环境因素（Hayes，1989）；干扰假说提示智力过高可能会干扰创造力（Simonton，1994；Stenberg，1996）。研究者声称上述观点都是来自高质量的研究，人们不得不接受这些观点，却不知何者是真理。

为了理清这种混乱局面，斯腾伯格（Stenberg，1999）提出一种方法，对各种智力与创造力关系的假说进行分类，我们一直很喜欢这个理论框架，主要是因为我们认为在本书讨论这些结构定义非常重要。斯腾伯格模型提出智力与创造力可能存在五种关系：①创造力是智力的一个子集；②智力是创造力的一个子集；③智力和创造力存在交集；④智力和创造力是重合集；⑤创造力和智力无交集。我们接下来会为前三种关系举证，后两种关系不常见，不在此处讨论。

### 1. 创造力是智力的子集

大多心理测量理论都有意或无意地把创造力作为智力的一部分。吉尔福德的智力结构模型（SOI）可能是最明显的，他把发散思维归为五种认知操作之一，这一模型在教育界颇具影响力。伦祖利（Renzulli，1973）基于 SOI 的发散思维开发了一套创造力课程。早在 1912 年，亨蒙（Henmon）就直接把创造力和智力融为一体，他注意到：博览群书、知识渊博的学者可能不及那些思维独立、新颖和多产的创造者聪明，但我们无法说他不聪明。智力包括利用真理和知识的能力和发现真理和知识的能力（1912/1916，p.16）。

加德纳（Gardner，1993）从发展和定性角度理解智力结构，用多元智力理论（multiple intelligences，MI）研究创造力和领导力等其他智力结构，含蓄地指出创造力是多元智力的子集。第五章提及的卡特尔 - 霍恩 - 卡罗尔理论（CHC理论）融合了卡特尔 - 霍恩的流体 - 晶体智力理论和卡罗尔的三层智力理论，它把创造能力和创新能力作为信息长期储存和检索（Glr）的重要成分。

### 2. 智力是创造力的子集

与此相反，其他研究者认为智力是创造力的一部分。虽然它不是智力理论中的主流理论（毫不奇怪！），但最近这种观点纳入到斯腾伯格和卢巴特（Stenberg & Lubart，1995）的创造力投资理论（强调智力和知识的作用）和阿马比尔（Amabile，1996）的创造力成分理论（强调一般智力和特殊智力）。

### 3. 智力和创造力有交集

斯腾伯格的第三种假设是把智力和创造力看做既独立又相互重叠的结构。伦祖利（Renzulli，1978）的天赋三环概念认为天才（暗指具有高水平的创造力）是高智力、创造力和任务承诺等三种因素相互作用的结果。从这个角度看，创造力和智力是相互独立的结构，但特定情境下又相互重叠。同理，PASS理论中计划能力也与创造力有所重叠（Naglieri & Kaufman，2001）；普拉克、贝格托和道（Plucker，Beghetto & Dow，2004）把智力和创造力看做是既相关又独立的能力，把创造力定义为潜能、过程和环境交互作用的产物，由此个体或群体创造出社会认可的新颖的和有用的思维产品。

阈值理论：传统研究支持阈值理论，智商在120以下，创造力与智力存在中度正相关，随着智商增高，二者的相关性也随之减弱（Fuchs-Beauchamp，Karnes & Johnson，1993；Getzels & Jackson，1962）。斯腾伯格将这种理论归为交集论，这种观点是如此普遍，被视为创造力、智力和天赋传统观点的一部分。

这个被广为接受的信念有一个小问题：它可能是错误的。几项实证研究对智商阈值存在与否提出了质疑，无论是IQ低于120，还是IQ高于120（Kim，2005；Preckel，Holling & Weise，2006）。然而，此类研究多数用的是团体智力测验或过时的测验。例如，金（Kim，2005）对过去几项研究数据做了再分析，有些研究所用的数据是 30 岁以上成人测试结果，按定义，当时所用的智力测验并不能反映当前的智力理论。其他研究仅把创造力局限于发散思维或对简单刺激物产生多种想法的能力，这种定义过于狭隘[1]。

幸运的是，研究者已开始解决这些缺陷，并得到有意义的成果。例如，斯莱、康纳、艾科斯 - 爱沃森（Slight，Conner，Roskos-Ewolden，2005）用当代智力测量（考夫曼青少年和成人智力量表，Kaufman & Kaufman，1993）和创新性测量考查智力与创造力的关系。他们同时评估被试晶体智力和流体智力，发现晶体智力与创造力在高智商被试中存在弱正相关（与之前的研究结果类似）；然而，仅高智商群体智力与创造力的相关具有显著性，在中等智力群体中相关无显著性，与阈值理论预测的模式正好相反。

用多种不同人群所做的类似研究得到类似的结论。在一项数学早慧少年研究中，帕克、鲁宾斯基和本博（Park，Lubinnski & Benbow，2007，2008））对一批在 13 岁时以优异成绩（入学考试成绩在前 1%，属于非常聪敏的学生）考入大学的少年学生做了随访研究，随访期从童年晚期 / 青少年早期直到成年期，结果发现，这些学生的智力与学业成就高度相关。这个发现本身并不稀奇，但却发现这群学生到成年期的创造性成就（如专利、论文和成果奖）也与智力相关。这些研究解决了早期研究的局限，他们所得到的研究成果引起了学界对阈值效应的严重质疑。

贝蒂和西利维亚（Beaty & Silivia，2012）的近期研究使人们对阈限效应有了新的理解。他们让大学生在 10 分钟内完成一项标准发散思维测试，像以往多数研究一样，他们发现，学生随着时间推进报告更多的创新性意念。另外，也让学生做了流体智力测试，令人惊讶地发现，流体智力测验得分越高，创造力—时间曲线就越平坦。换句话说,在样本中最聪明学生的创意并未随时间增多,而是从头到尾都是提供相对平淡的创意。智力平常被试的创造力—时间曲线斜率越来越陡,意味着他们的创意随时间推移更具创新性。该研究有力地证明:高智商群体智力和创造力相关性背后有其潜在的认知基础,并且其潜在机制可能是信息检索和操作相关的执行过程与联想过程的联合,这种联合涉及个体认知图式各部分的激活,即人们如何组织大脑中的知识。

## 二、智力与天赋

智力与天赋的关系也同样备受关注。几乎所有天才教育项目都用正式评估程序挑选天才学员,创造力测评通常包含在天才鉴定系统的成套测量之中。

比如,在学区天才鉴定系统综合研究中,卡拉翰、韩塞克、亚当斯、莫尔和布兰德(Callahan, Hunsaker, Adams, Moore, Bland, 1995)等人发现:"一般智力是采用最广的结构……,团体智力测验仍是使用最广泛的智力评估工具,个别智力测验仅作为补充工具"(p.7)。

我们一再指出,智力结构界定关系重大,天赋结构概念面临的困境与智力和创造力类似。比如,天赋和天才是一个东西,或者他们相互独立,如果是独立的,它们存在重叠?几乎所有州都有天才教育法,人们期望这些法规至少应该大致相同的天才定义。然而在最近一项天才界定综合分析中,帕索和儒尼茨基(Passow & Rudnitsks, 1993)发现各州法规和政策对天才定义和有关细节是不一致的。

天才教育法案也是一笔糊涂账,可能是法律界对天才和天才教育根本不了解(Decker, Eckes & Plucker, 2010; Eckes & Plucker, 2005; Plucker, 2008)。最近联邦报告中提到一些模棱两可的定义(OERI, 1993),但并没有解决实际问题，以及缺乏标准定义和天才评判尺度，导致许多天才理论和定义应运而生（Passow，1979，Rbinson，Ziger & Gallagher，2000；Sternberg & Davidson，1986）。虽然有两个理论框架可以用来组织这些概念，如斯腾伯格和戴维森（Sternberg & Davidson，1986）提出4种类别（显定义：特殊领域的、认知性的、发展性的；隐定义：理论性的）；莫肯和马松（Mönkens & Mason，1993）提出四种不同类别（特质定向、认知成分、成就定向、社会文化/心理社会定向）。然而，我们认为简单二分法（早期概念和当代方法）足以概括现有天赋概念。

### 1. 早期概念

单维模型：在21世纪，随着天赋结构及教育领域天才教育的发展，从理论角度提出了许多早期概念，这些理论将智力视为与生俱来的个人特质。虽然这些理论，从单维模型和相关方法（Cattell，1987；Spearman，1904）到分化模型（Carrol，1993；Guilford，1967；Thurstone，1938），都认可环境因素在智力发展中的作用，但是它们所关注的中心依旧是把个体作为控制点和兴趣主体。此期的创造力理论和模型也同样强调个体自身因素（Guilford，1950；Kris，1952；MacKinnon，1965），绝大多数研究主要受心理测量学影响。

早期天赋概念反映此期研究强调个体因素和心理测量学（Hollingworth，1942），现在这种基于传统智力概念的才能发展研究仍然很普遍。比如，起源于霍普金斯大学的天才搜索模型仍在全国广泛应用，每年几个以大学为依托的区域中心至少向25万儿童提供不同水平的服务（Stanley，1980；Stanley & Benbow，1981）。全国许多学区把天赋教育和才能发展计划的重心放在高智力儿童的识别，主要用智力测验测量每个儿童的能力；卡拉翰等（Callahan et al. 1995）在一项全国研究中发现，11%的受调查学区依靠严格的智商定义识别天赋儿童，因此使其成为第二个最常用的定义。鲁滨逊（Robinson，2005）提供了防御心理测量法的详细措施，她的分析提示以心理测量为基础并不意味着只遵守"你的天赋等于你智商分数"这一判断标准，但智商是重要的参照标准。

马兰德定义：20世纪70年代早期，联邦政府以个体特异天赋观为基础提出一种天赋定义。这个定义提出天赋和才能体现在六个领域：一般智力、特殊学业性向、创新或多产思维、领导能力、视觉和表演才能及心理运动能力（Marland，1972）。马兰德定义极具影响力，现在还被许多学区用于识别天才学生。卡拉翰（Callahan et al，1995）等人发现，近50%学区根据这个定义制定天赋教育甄别程序，使其成为该领域最受欢迎的定义。

### 2. 当代概念

当代方法的主要特征是拓展了智力天赋的概念。在20世纪70年代中后期，学者们提出了一些天赋新概念，这些概念比早期模型更注重发展性、情境性和多层性，这种发展趋势与第五章所述的智力理论拓展相匹配。例如，目前最著名的三环天赋概念（Renzulli，1978，1999），该理论强调强调在人格、环境和情感因素框架内高常智力、创造力和任务承诺三者的交互作用。

才能发展的教育手段植根于这些宽泛理论，包括伦祖利和蕾丝（Renzull & Reis，1985）的全校情境丰富模型以及科尔曼和克劳斯（Coleman&Cross，2001）、卡尼斯和比恩（Karnes & Bean，2001）、普拉克和卡拉翰（Plucker & Callahan，2008，2013）等学者提出的各个策略。其他当代天赋和才能定义（Feldhusen，1998；OERI，1993）秉承伦祖利的三环概念及相关编程模型，强调广义概念，承认才能发展的多因素影响。

在大多数广义概念中，都以某种方式明示或暗示包含智力成分。早期概念将天赋和智力视为同义语，而当代观点倾向于将高智力水平作为天赋的必要和非充分条件。在本章剩余部分，我们将叙述 5 种不同的天赋概念，并列举一些重要思想家对智力—天赋关系的看法。

天赋和才能区分模型：天赋和才能区分模型（DMGT，Gagné, 1993, 2000）是一个比较实用的天赋模型。DMGT 将天赋视为一种与生俱来的能力，至少在一个主要领域中体现出来，如智力、创造力、社会情感和感觉运动，且在同伴中处于前 10% 位级。另一方面，才能是天赋的外在表现，体现在学业、艺术、商业、娱乐、社交、体育或技术等领域的技能在同伴中处于前 10% 位级。天赋是潜在的，才能是外显的。

据 DMGT 所述，天生聪慧者，即有天赋者，不见得能显示实际才能。才能需要系统学习和训练，方可使技能得到最大限度发挥，高级技能更需强化训练和长期发展（Gagné, 2000）。

单凭天赋并不能完全解释个体才能发展的差异，才能发展受个人内部因素和环境因素的影响，这些因素既可能促进也可能阻碍才能发展进程（Gagné, 2000）。DMGT 关注那些能够妨碍或促进才能发展的变量，比关注正性才能发展的早期模型更真实地模拟现实才能发展。个人内部因素包括生理状态（残疾、健康）和心理特征（动机，意志力，自我管理和人格）；环境因素包括自然、文化、家庭和社会因素的影响，父母、老师、同伴和监管者等重要人物的影响，项目、活动和服务等成长条件的影响，境遇、奖励和意外等生活事件的影响。也应考虑到机遇在遗传天赋和才能发展中的作用，机遇对个体发展很重要，如果运气好，诞生在一个愿意且有能力支持技能发展的家庭和社区，那么你的才能方可得到充分展现（Gagné, 2000）。

这里专门提到的智力，只是四种主要潜能的一种，还有创造力，社会情感和感觉运动等能力。盖涅（Gagné）认为这四种潜能都是与生俱来的能力，却没有提供一个详尽的智力模型。值得称赞的是，他注意到"四种天赋都存在许多竞争分类体系"，而他没有为自己的模型而贬低其他分类体系。

三环天赋定义：伦祖利工作的重心是创建教育体制，帮助青年人发展现实世界创造性获得所需要的技能、兴趣和情感。伦祖利（Renzulli，1978，2005）的三环概念认为天赋是高常智力、创造力和任务承诺三要素交互作用的产物，每种因素都在天赋发展中都起着至关重要的作用。伦祖利和他的同事对三环概念的效度做了许多研究（Delisle & Renzulli，1982；Gubbins，1982；Renzulli，1984，1988），包括基于三环模型教育干预的有效性。该理论目前仍是学区和文献中最盛行的天赋概念（Callahan et al，1995）。

该理论主要是基于才华出众和成功人士的研究，尽管受到不少批评，但在天赋学生选拔中包含多重因素交互作用和拓展标准却有获益（Johnsen，1999；Kitano，1999；Olszewski-Kubilius，1999）[2]。此外，伦祖利强调除接受知识之外还应着重发展创造性技能，并且用大量证据证明拓展选拔程序确实减少了不公平现象，例如，天赋教育项目中提高少数民族学生的比例，性别比例趋于平衡等。也许三环概念的最大贡献在于破除了人们普遍坚持的错误信念，即创造力是天生的、无法提高的，并基于该理论模型发展了许多教育干预手段。该模型还强调智力和任务承诺这两个元素在创造力发展中的作用。

多元智力理论：正如第五章所述，加德纳多元智力理论（MI）是促进教育工作者普遍采纳人类智力和人类能力宽泛定义的重要里程碑。他的智力定义认为"智力是允许个体解决问题的一种或一组能力，创新产品是特定文化环境的产物"（Ramos-Ford & Gardner，1997，p.55），这个定义对从事才能教育的教育工作者具有极大吸引力，因此多元智力理论在天赋教育领域盛行就不足为怪了。

更重要的是，多元智力理论拓展智力行为的外延，拓宽天赋行为的表征范围，这是智力和天赋教育领域的重大理念转变。尽管加德纳的理论研究的重点是创造力和天赋（Gardner，1993），但 MI 理论确实拓宽智力结构，这对天赋教育的教育者很有吸引力，因此他们希望这种宽泛能力理念可以在天赋学生选拔中得到应用。

MI 理论在卡拉翰（Callahan，1995）20 世纪 90 年代早期研究之后达到顶峰状态，卡拉翰证明 MI 理论在改变教育者的智力、创造力和才能理念方面极具影响力。然而，评估手段极其复杂，实际用于教育情境还面临许多困难，限制了 MI 理论在天赋识别系统中对创造力鉴定的影响力（Gardner，1995；Plucker，2000；Plucker，Callahan & Tomchin，1996；Pyryt，2000）。总的来说，MI 理论在教育领域的影响力类似于伦祖利 Renzulli 理论，加德纳的研究工作确实拓展了我们的才能和天赋概念，如今文献中随处可见到该理论。

情境观点：大约在本世纪之交，许多新的哲学观点深刻地影响着人们的学习和才能观。许多心理学家和教育工作者渐渐厌倦了智力、创造力和才能等概念，转向认知或环境理论。为应对这种不满情绪，巴拉布和普拉克（Barab & Plucker，2002）从五种不同视角（生态心理学，情境认知，分布认知，活动理论，合法边缘参与）对目前的理论和研究做了评述，并认为"传统才能发展理论中心理与情境分离观点将学习者和环境看作对立的两极，或多或少表明，在才能和天赋发展中，天赋影响才能，或才能影响环境"（Barab & Plucker，2005，p.204）。同样，斯诺（Snow，1992）批评"将人和环境割裂独立变量，而不是将情境中的人作为综合系统"的观点（p.19）.

巴拉布和普拉克提出一个综合天赋模型，在这个模型中，广义的才能是通过个体、环境和社会文化交互作用而发展的。他们认为才能发展是一种螺旋式上升的过程，随时间推移，三者持续交互作用使才能不断发展，由此给自己创造更多发展才能的机会和取得更大的成功。基础教育的意义在于指导和帮助孩子在现实情境解决实际问题，这才是才能教育的重点（Plucker & Barab，2005）。相对于天赋教育，情境观点更受普通教育追捧，这一点其实不无道理，很多天赋教育项目主要使用"挖掘聪慧孩童"的干预模型，巴拉布和普拉克非常反对这种做法。

萨波尼克和他同事的观点：萨波尼克，沃卓斯基 - 库比里斯和沃雷尔提出的概念模型代表着最新的学术进展（Subotnik, Olszewki-Kubilius & Worrell, 2011, 2012）。他们总结海量天赋心理学研究文献后，将天赋定义为在某个特殊才能领域的成就处于人群分布的顶端，甚至高于其他高功能人群。更明确地说，天赋是发展性的，初期，潜能是关键变量，后期，才能是天赋的测量指标，在才能充分发展后，名声和地位是天赋的重要标志"（Subotnik, 2012, p.176）。

这种观点的吸引力有许多原因。首先和最重要的是，它明确地指出天赋定义随人生发展变化，即天赋是情境依赖性的、完全可以改变的。萨波尼克还强调天赋是认知和社会心理因素联合作用的结果，这与我们所知的当代理论所述的天赋受多种因素影响的观点一致。他们也赞同第五章所述的德维克的观点，即智力具有可塑性，智力概念也应随之改变。这种模型的现实意义就潜藏在他们的定义之中：

尽管我们已经认识到了个体，过程和产品这三者是创造性行为和意念的生成的前提，但这些因素在不同阶段发挥的作用不尽相同。比如，幼年儿童开始发展创造性方法和态度（个体），年长儿童获得技能（过程），习得这些思维方式和过程技能与多学科知识深度融合，并应用于知识、美学、现实产品或行为表现的创造（产品）（Subotnik, 2011, p.33）。

这种干预方法强化了巴拉布和普拉克的情境观点,并且被萨波尼克的观点拓展,后者认为个体、环境和社会文化存在交互作用,各部分的相对贡献随时间和情境变化。

## 三、总 结

就像智力理论一样,这些相互联系又各自独立的创造力和天赋结构也是随时间发展的。它们与智力的关系可从多方面进行概括,但我们要记得创造力和天才也是心理结构,对每种结构都有许多不同的定义。这些定义不但影响人们对天赋和创造力的理解,而且也影响人们对这些概念与智力的关系的理解。

当考虑实际应用时,例如选拔学生参与某个特殊训练项目,在决定如何识别或选拔学生参与培训项目时,首先应该考虑如何界定每个构造。例如,用非言语智力测验帮助选拔学生参加高能力作家培训显然是不适当的,但用这类测验选拔学生参加综合能力培训项目确实相当理想的。再者,我们必须强调情境和定义的重要性。

**要点**

● 考查智力与创造力的关系有许多不同方法。如何定义每种结构对理解智力与创造力的关系有重大影响。

● 斯腾伯格提出五种假设关系都有实证依据支持,但仍需考虑结构概念定义问题,这并不奇怪。

● 阈值理论提出了智力与创造力在特定智力水平范围内存在相关性,一旦超过这个范围相关性就会减弱。

● 某些近期研究提示阈值理论是不正确的,即便极高智力水平,智力和创造力仍然存在相关性。

● 正像智力理论在过去 40~50 年间发展成多层面和多维度一样,天赋和才能的理论的发展趋势也是如此。

● 教育家在设计高智力和高创造力学生选拔系统时,

必须考虑如何定界他们选择的天赋概念和不同观念之间的关系。换句话说，基于伦祖利模型、多元智力模型或巴拉布-普拉克情境观的识别天赋程序不能只用个体智力测验作为才能、智力和创造力的唯一指标。

**注释**

1. 例如，见 Jauk，Benedek，Dunst & Neubauer（2013）。

2. 伦祖利（Renzulli）已明显拓展了他的模型，这具有重要意义。本章限于篇幅未做完整描述，如要了解更多信息，请查阅 Renzulli & Sytsma（2008）和 Renzulli & D' Souza（2013）。

**（唐颂亚　周世杰　译）**

# 第八章

# 结构和背景: 智力研究路在何方?

在过去 20 年里,我们非常有幸成为智力心理学方面的民间历史学家。在这一领域,我们孤军奋战,与形形色色的人、各式各样的观点交锋对阵,付出辛劳亦收获颇丰[1],我们了解了关于智力的许多理论方法,并目睹了一个科学领域的发展历程。

例如,《人之度量》(Gould, 1981)和《钟形曲线》(Herrnstein & Murray, 1994)这两本至今仍极具争议的著作,在关于人类智力本质的问题上代表了一个连续体的两种极端观点,因此也都引起了尖锐的批评(Carroll, 1995; Devlin, Fienberg, Resnick & Roeder, 1997)。但是也许有人会说,这两本书都将有关智力、才能、人类能力的争论推到了民众街谈巷议的中心,再次证明了这么一个原则,即学者及其他研究者的重要作用之一是推动和引导关于重大问题的争论。

同时,我们也了解到许多研究者与理论家们是如何看待彼此之间的成果的。比如,当一位知名学者进入智力理论网页(www. Intelltheory.com)浏览原始材料时,他公开质疑我们提出的某学者影响了另一个学者的断言,他解释说"这两个人从未在任何问题上意见一致过"。然而,当我们重新检视研究,我们注意到年轻学者在其开创性的研究中大量引用了年长学者的观点,主要用来比较他们对这一问题的研究方法;我们并没有说影响是完全积极的! 也有好几次,研究者们指出,我们在一些特定细节上存在错误,这些细节我们直接取自一些研究者的自传或权威性传记。诸如此类的事例向我们一再证明这样一个事实:说到底,历史是高度主观的,并且永远被后来的人重写和反思着。历史学家自行决定选择史材，所谓"现实"、"事实"与"印象"，在一定程度上是可以互相取代的。

这么说，在本书中我们只是想分享智力理论和研究的丰富历史，传递一些多年以来一直打动着我们的故事。我们当然不可能面面俱到，而你也不必通读无遗。但我们希望在关于人类智力和能力的各种令人困惑的问题上，不管是已有答案还是悬而未决的，我们在本书中为读者们提供了惊鸿一瞥。我们也试图退一步"重置"历史的某些太偏离事实的方面，以强调历史背景的作用。比如，戈达德（Goddard）现在饱受苛责，但值得注意的是他的大部分工作是在威尔逊（Woodrow Wilson）总统时代完成的，威尔逊总统现在作为一名锐意改革家被人们所熟知，当时却在整个联邦政府积极执行种族隔离政策。毕竟，理论家和研究者们不能在真空中开展工作，就像他们的工作影响着文化一样，他们所在时代的文化和知识背景也会影响他们的工作。

## 一、智力理论和研究的未来走向

基于上述想法，我们谈点关于智力理论和研究的未来走向的想法以结束本书。鉴于对历史背景的强调，我们意识到任何这样的预测都有点盲人摸象的味道。正如丘吉尔（Winston Churchill）所说："我总是避免事先预言，因为事件发生之后再作预言会更好"。但是，若干业已出现的趋势将会继续并可能加强，下这样的结论似乎是安全的。

### 1. 智力与大脑

首先，技术的迅猛发展将继续影响智力研究和干预。从研究的角度来看，智力的神经学研究仅在上一代还属于科幻小说的内容，如今已司空见惯。我们预计这种对大脑的关注将会继续。2013年4月奥巴马（Barack Obama）

总统签署了一项名为"通过推进创新性神经技术的脑研究"（Brain Research Through Advancing Innovative Neuro-technologies，BRAIN）的宏伟计划，该计划投资1亿美元，由美国国立卫生研究院、美国国防部，美国国家科学基金会，以及四家私人研究机构共同支持。这项雄心勃勃的计划旨在提供人脑结构和功能的综合图谱（Alivisatos et al.，2012），并被很多人认为是继人类基因组计划之后的又一项明智之举，后者在2003年完成了人类基因组绘图工作（NHGRI，2003）。想象这一计划将带来什么结果，不免令人心情激动，但是有理由假定，某些发现将直接影响人类智力研究的未来走向。

神经科学令人振奋的发展让21世纪的研究者们有可能深入脑内揭示人类智力差异的生物学基础。迄今为止，神经科学支持的智力研究通常或者关注遗传学，或者关注脑成像研究。目前还没有"智力基因"或基因组被发现在健康个体的智力发展中起关键作用（许多人搜寻过）。然而，大约有300个基因已经被确认与智力残障有关（Deary，Penke & Johnson，2010）。未来BRAIN计划的新发现将补充从人类基因组图谱中获得的现有认识，很可能未来的研究者们最终会确定一组在一定程度上影响人类智力差异的基因。

脑成像研究也越来越与智力研究搭上关系了，其作用之一是准确判定脑的大小是否关乎智力。脑越大就越聪明吗？也许可以谨慎地答"是"，尽管头部大小或脑容量与智力的正相关通常很弱。经过改进的MRI技术使用超导磁体和电波来创建大脑的三维图像，将有助于未来研究者们观察不同脑区和系统的形态，并得出关于不同脑区的大小、功能与人类智力行为差异之间关系的明确结论。这些发现将成为开发医疗干预方法的第一步。

凯斯（Daniel Keyes，1966）令人心碎的小说《献给阿尔吉农的花束》中，一位智力残疾男士经过一项实验性的外科手术后，慢慢变成了具有非凡智力天赋的人。故事所展现的伦理和道德困境彰显出神经科学如此神速发展的潜在黑暗的一面：如果我们发现某些大脑结构、基因或神经功能条件直接与人类智力有关，就会有某些人或机构提倡采用生物干预手段设计出更聪明的人。高尔顿可能会发现这个想法很吸引人，对吗？后人有必要弄清楚的是，这样的想法究竟是好是坏？或者如我们预测的那样，好坏参半，仰赖具体的情境和意图。我们不难想象将来也许会有类似于 2012 年兰斯 - 阿姆斯特朗（Lance Armstrong）环法自行车赛金牌被取消的丑闻。一个总冠军或罗兹学者因为摄入了可以提高智力活动成绩的药物而被取消荣誉。同样，我们也不难想象，未来的家长得知药物治疗可以改善严重先天性智力障碍的孩子的智力功能，会有多欣慰。

这些困境并不是新问题。几十年来中小学校和大学一直面临这样一个问题，即健康学生通过使用非标示（off-label）药物来治疗注意缺陷障碍以改善学习习惯和考试成绩（Hall, Irwin, Bowman, Frankenberger & Jewett, 2005）。而且，初步报告显示咖啡因可以通过增强大脑的神经连接提高智力，在写这本书时我们更愿意喝一杯咖啡（Simons, Caruana, Zhao & Dudek, 2011），请原谅今天早上我们每个人都喝了三杯。也许将来会有这么一天，是否服用"聪明丸"、接受外科手术，甚至选择胚胎智力补品，这些不仅事关个人道德决策，而且关乎国家政策。

### 2. 技术和教育

技术也在迅速地改变着教育。除了通过远程教育来增加受教育的机会，收集、储存、分析学生们个人学习数据的能力也在不断提高。随着社会朝着个性化教育的趋势演变，如何概念化和评估智力的问题将成为政策讨论的中心。

### 3. 理论发展

我们推测理论对情境会越来越敏感（如情境认知取向），但是理论不断扩大包罗万象的时代也许即将结束；我们只能有限地扩展一个结构，而不要越过其收益递减临界点。加德纳（Gardner）在考虑扩展其多元智力理论以包含更多成分，如宗教智力时已暗示了这一点。

斯腾伯格和考夫曼（Sternberg & Kaufman, 2012）最近分析了智力研究中的实证主义趋势，他们的结论是旨在扩展智力概念或增进人们对智力 g 因素本质的理解的研究将继续出现（Kaufman et al, 2012），而那些旨在寻找 g 因素的新的相关因素的传统研究可能会有所减少。鉴于上文关于不断扩展的理论之实用性的自然限制的警告，他们的这一分析应该是准确的。

### 4. 国际视野

基于过去 30 年来对文化背景因素重要性的强调（及争论），我们也来预测一下智力研究在国际范围内的发展。值得注意的是，关于智力研究的国际展望方面的主要学术工作，涉及的作者还仅来自美国、欧洲以及澳大利亚（Sternberg, Lautrey & Lubart, 2003）。正如我们在自己的工作中看到的那样，仅仅在几年前，我们许多亚洲同仁在智力教学中还严重依赖西方的研究和理论，随着社会科学在亚洲国家的发展进步，越来越多亚洲的观点正在被传授和分享。同时，国家之间的智力和认知能力比较将继续引起学者和公众的高度兴趣，部分是因为这种比较涉及一系列有趣的问题（Hunt, 2012），部分是由于全球化的发展。

## 二、关键在于结构

在本书中我们始终强调在研究一种心理结构（如智力）时定义的重要性。定义真的至关重要。冒着把这一主题往死里推的风险，我们再来分享一个案例。

《钟形曲线》出版于 1994 年，当时在民众和学者中引发了激烈的争论，作者们是对还是错？他们的科学是正确的还是错误的？结论是带有种族偏见的还是实事求是的？人们激烈交锋大费口舌，而争论之后人们仍然相当困惑。

然而，借助晶状体结构来看待这个问题实际上使它很容易理解。在《钟形曲线》一书中，赫恩斯坦和穆雷（Herrnstein & Murray, 1994, p.22-23）的智力定义非常清晰，他们列出的几个设想如下：

1. 存在一种具有个体差异的共同智力因素（g）。

2. 所有标准化的学术能力倾向测验和成就测验能在某种程度上测量一般智力因素，但是 IQ 测验则是专门为了准确地测量一般智力因素而设计的。

3. IQ 分数反映的是一个人的聪明或机灵程度，不管人们日常所谓"聪明"或"机灵"是什么意思。虽然不是完全不变，但是在一个人的一生中 IQ 分数是稳定的。

在本书中，许多学者认同这些假设；而其他人可能完全否定这些。如果你赞同，那么赫恩斯坦和穆雷接下来的两个假设是相当合乎逻辑的。如果你不赞同，你可能会从中发现一个大问题。

4. 正确实施的智力测验并不存在明显的社会、经济、民族或种族偏见。

5. 认知能力实质上是可遗传的——遗传度在 40%~80% 之间。

最后，不管你对智力和其他认知现象的观点是什么，我们都认同这样一点：结构是至关重要的，背景至少在某种程度上是重要的。

**注释**

1. 在这里我们特别感谢：Camilla Benbow, Carolyn Callahan, Hudson Cattell（James McKeen Cattell 的孙子），

Jack Cummings，J. P. Das，Douglas Detterman，Carol Dweck，
Raymond Fancher，Donna Ford，Howard Gardner，Alan &
Nadeen Kaufman，David Lubinski，Charles Murray，Jack
Naglieri，Ioe Renzulli，Dean Keith Simonton 和 Bob Sternberg。
多年来这些学者在一系列问题上投入了大量时间和精力。
此外，Raymond Cattell，尤其是 John Carroll 和 JohnHorn 在
生命即将结束之时对本书提出了他们宝贵而独特的见解。

**（肖　晓　周世杰　译）**

# 推荐读物

近 100 年来，公开出版的智力专著和论文数量是惊人的，新近综述和研究文章也显著增多。为使读者全面了解该领域的发展状况，特推荐以下 20 篇我们最喜欢的顶级人类智力读物供你参考，重点放在内容宽泛的和普及性的概述文献。

## 1. 广泛概述性文献

Deary I. J.( 2001 ). *Intelligence: A very short introduction.* Oxford, UK: Oxford University Press.

广告绝对真实，这是人类智力的最简洁概述，以经典观点和研究为重点。

Fancher R. E. ( 1985 ). *The intelligence men: Makers of the IQ controversy.* New York, NY: Norton.

著名心理史学家所著的经典历史概述，内容引人入胜、爱不释手，人类智力研究历史领域最具影响力的专著。

Hunt E. B.( 2011 ). *Human intelligence.* Cambridge, UK: Cambridge University Press.

一本针对人类智力领域一些复杂主题精心编写的、高度普及性的理论专著。

Mackintosh N. ( 2011 ). *IQ and human intelligence*( 2nd ed. ). Oxford, UK: Oxford University Press.

这是一本有关智商和人类智力的教科书，而且是一本非常好的教科书。

Neisser U., Boodoo G., Bouchard T. J. Jr, et al ( 1996 ). *Intelligence: Knowns and unknowns. American Psychologist*, 51( 2 ), 77-101.

Nisbett R. E., Aronson J., Blair C. et al ( 2012 ). *Intelligence: New findings and the oretical developments. American Psychologist*, doi:

110

10.1037/a0026699

我们认为这两篇评述是情侣篇，珠联璧合，对过去几十年人类智力的心理学研究做了深度评述，每篇论文都是由顶级明星学者团队撰写的。

## 2. 高质量文献

这些不是你在寒冷冬夜端着酒杯靠在沙发上阅读的科普书，他们都是上等的、高度综合的专业文献。

Sternberg R. J. (Ed.). (1994). *Encyclopedia of human intelligence.* New York, NY: Macmillan.

Sternberg R. J. (Ed.). (2004). *International handbook of intelligence.* Cambridge, UK: Cambridge University Press.

Sternberg R. J. & Kaufman S. B. (Eds.). (2011). *The Cambridge handbook of intelligence.* Cambridge, UK: Cambridge University Press.

Wilhelm O & Engle R. W. (Eds.). (2005). *Handbook of understanding and measuring intelligence.* London, UK: Sage.

## 3. 电子文献

Esping A. & Plucker J. A. (2013). *Intelligence.* In Dana S. Dunn (Ed)., *Oxford bibliographies: Psychology.* New York, NY: Oxford University Press. Retrieved from http://www.Oxfordbibliographies.com/view/document/obo-9780199828340/obo-9780199828340-0092.xml?rskey=kNhrFK&result=23&q=]

Kaufman S. B. (2011). *Intelligence.* In Luanna H. Meyer (Ed.), *Oxford bibliographies: Education.* New York, NY: Oxford University Press. Retrieved from http://www.Oxfordbibliographiesonline.com/view/document/obo-9780199756810/obo-9780199756810-0021 xml

这两个在线书目提供了众多可用资源的详细列表，从教育学和心理学角度对人类智力做了细致描述。

Plucker J. A. & Esping A. (Eds.). (2013). *Human intelligence: Historical influences, current controversies, teaching resources.* Retrieved from http://www.intelltheory.com

该网站创建于 1998 年。

### 4. 特殊主题的概述

Ceci S. J. & Williams W. W.（2000）. *The nature-nurture debate*：*The essential readings*. Oxford：Wiley-Blackwell, UK.

人类智力发展的综合卷宗。

Johnson W., Penke L. & Spinath F. M.（2011）. *Heritability in the era of molecular genetics*：*Some thoughts for understanding genetic influences on behavioral traits. European Journal of Personality*, 25, 254-266.

对行为遗传学研究的重要性及其局限性做了引人入胜的分析。

Kaufman A. S.（2009）. *IQ testing 101*. New York, NY：Springer Publishing Company.

书如其名，一看便知，由著名智力测试大师考夫曼所著。中译本由程灶火教授主译，人民卫生出版社出版。

Plucker J. A. & Callahan C. M.（Eds.）.（2008）. *Critical issues and practices in gifted education*：*What the research says*. Waco, TX：Prufrock Press.

这是本书主编撰写的专著，总结了天赋和天才教育 50 个方面的研究。

Sternberg R. J. & Davidson J. E.（Eds.）.（2005）. *Conceptions of giftedness*（2nd ed）. New York, NY：Cambridge University Press.

此卷和早期版本包含许多名人在天赋和才能理论方面的研究。

Sternberg R. J. & Grigorenko E. L.（Eds.）.（1997）. . *Intelligence, heredity and environment*. Cambridge, UK：Cambridge University Press.

这又是一篇适用于人类智力行为遗传研究的深度评述。

Subotnik R. F., Olszewski-Kubilius P. & Worrell F. C.（2011）. *Rethinking giftedness and gifted education*：*A proposed direction forward based on psychological science. Psychological Science in the Public Interest*, 12（1）, 3-54.

一篇由三位领军学者撰写的开创性论文，对天赋心理学研究做了系统评述,并提出了开发智力才能的新方法。

### 5. 附加文献资源

*Intelligence*(http://www.journals.elsevier.com/intelligence)

专门发表智力研究论文的重要杂志。本杂志为双月刊,从不回避争议性话题,使它成为对智力不同观点感兴趣者的必读刊物。

# 参考文献

Achter, J. A., Benbow, C. P., & Lubinski, D. (1997). Rethinking multi-potentiality among the intellectually gifted: A critical review and recommendations. *Gifted Child Quarterly, 41,* 5–15.

Alivisatos, P. A., Chun, M., Church, G. M., Greenspan, R. J., Roukes, M. L., & Yuste, R. (2012). The Brain Activity Map Project and the challenge of functional connectomics. *Neuron, 74,* 970–974.

Almeida, L. S., Prieto, M. D., Ferreira, A. I., Bermejo, M. R., Ferrando, M., & Ferrándiz, C. (2010). Intelligence assessment: Gardner multiple intelligence theory as an alternative. *Learning and Individual Differences, 20,* 225–230.

Amabile, T. M. (1996). *Creativity in context: Update to "The social psychology of creativity."* Boulder, CO: Westview Press.

American Psychiatric Association. (2013). *Diagnostic and statistical manual of mental disorders: DSM-5.* Washington, DC: Author.

American Psychological Association. (2002). *Ethical principles of psychologists and code of conduct.* Retrieved March 24, 2006, from http://www.apa.org/ethics/code2002.html

Atkins v. Virginia, 536 U.S. 304 (2002).

*Atlantic Monthly* (1870, June). Reviews and literary notices, pp. 753–756.

Baltes, M. M., & Carstensen, L. L. (1996). The process of successful ageing. *Ageing and Society, 16,* 397–422.

Barab, S. A., & Plucker, J. A. (2002). Smart people or smart contexts? Talent development in an age of situated approaches to learning and thinking. *Educational Psychologist, 37,* 165–182.

Bar-On, R. (1997). *The Emotional Intelligence inventory (EQ-i): Technical manual.* Toronto, Canada: Multi-Health Systems.

Bar-On, R. (2000). Emotional and social intelligence: Insights from the Emotional Quotient inventory. In R. Bar-On & J. D. A. Parker (Eds.), *The handbook of emotional intelligence: Theory, development, assessment, and application at home, school, and in the workplace* (pp. 363–388). San Francisco, CA: Jossey-Bass.

Bar-On, R. (2005). The impact of emotional intelligence on subjective well-being. *Perspectives in Education, 23*(2), 1–22.

Bar-On, R., Handley, R., & Fund, S. (2005). The impact of emotional intelligence on performance. In V. Druskat, F. Sala, & G. Mount (Eds.), *Linking emotional intelligence and performance at work: Current research evidence* (pp. 3–20). Mahwah, NJ: Lawrence Erlbaum Associates.

Barron, F. (1969). *Creative person and creative process.* New York, NY: Holt, Rinehart, & Winston.

Beaty, R. E., & Silvia, P. J. (2012). Why do ideas get more creative across time? An executive interpretation of the serial order effect in divergent thinking tasks. *Psychology of Aesthetics, Creativity, and the Arts, 6*, 309–319.

Beaujean, A., & Osterlind, S. J. (2008). Using item response theory to assess the Flynn effect in the National Longitudinal Study of Youth 79 Children and Young Adults data. *Intelligence, 36*, 455–463.

Berg, C. A., & Sternberg, R. J. (1985). A triarchic theory of intellectual development during adulthood. *Developmental Review, 5*, 334–370.

Bickley, P. G., Keith, T. Z., & Wolfle, L. M. (1995). The three-stratum theory of cognitive abilities: Test of the structure of intelligence across the life span. *Intelligence, 20*, 309–328.

Binet, A., & Simon, T. (1905). Methodés nouvelles pour le diagnostic du niveau intellectual des anormaux. *L'Année Psychologique, 11*, 191–244.

Binet, A., & Simon, T. (1908). The development of intelligence in the child. *L'Année Psychologique, 14*, 1–90.

Binet, A., & Simon, T. (1916/1973). *The development of intelligence in children.* Baltimore, MD: Williams & Wilkins. (Reprinted 1973, New York, NY: Arno Press)

Black, E. (2003). *War against the weak: Eugenics and America's campaign to create a master race.* New York, NY: Four Walls Eight Windows.

Blair, C., & Raver, C. C. (2012). Individual development and evolution: Experiential canalization of self-regulation. *Developmental Psychology, 48*, 647–657. doi: 10.1037/a0026472

Bronfenbrenner, U., & Ceci, S. J. (1994). Nature-nurture reconceptualized in developmental perspective: A bioecological model. *Psychological*

Review, 101, 568–586. doi: 10.1037/0033-295X.101.4.568

Burt, C. (1909). Experimental tests of general intelligence. British Journal of Psychology, 3(1–2), 94–177.

Burt, C. (1957). The causes and treatments of backwardness (4th ed.). London, UK: University of London Press.

Burt, C. (1969). Intelligence and heredity: some common misconceptions. The Irish Journal of Education, 3(2), 75–94.

Burt, C. L. (1966). The genetic determination of differences in intelligence: A study of monozygotic twins reared together and apart. British Journal of Psychology, 57, 137–153.

Callahan, C. M., Hunsaker, S. L., Adams, C. M., Moore, S. D., & Bland, L. C. (1995). Instruments used in the identification of gifted and talented students (Report No. RM-95130). Charlottesville, VA: National Research Center on the Gifted and Talented.

Carroll, J. B. (1993). Human cognitive abilities: A survey of factor-analytical studies. New York, NY: Cambridge University Press.

Carroll, J. B. (1995). Reflections on Stephen Jay Gould's "The Mismeasure of Man" (1981): A retrospective review. Intelligence, 21, 121–134.

Carroll, J. B. (1997). The three-stratum theory of cognitive abilities. In D. P. Flanagan, J. L. Genshaft, & P. L. Harrison (Eds.), Contemporary intellectual assessment: Theories, tests, and issues (pp. 122–130). New York, NY: Guilford Press.

Castejon, J. L., Perez, A. M., & Gilar, R. (2010). Confirmatory factor analysis of Project Spectrum activities: A second-order g factor or multiple intelligences? Intelligence, 38, 481–496.

Cattell, R. B. (1941). Some theoretical issues in adult intelligence testing. Psychological Bulletin, 38(592), 10.

Cattell, R. B. (1963). Theory of fluid and crystallized intelligence: A critical experiment. Journal of Educational Psychology, 54, 1–22.

Cattell, R. B. (1967). The theory of fluid and crystallized general intelligence checked at the 5–6 year-old level. British Journal of Educational Psychology, 37, 209–224.

Cattell, R. B. (1971). Abilities: Their structure, growth, and action. Boston, MA: Houghton Mifflin.

Cattell, R. B. (1987). Intelligence: Its structure, growth, and action. New York, NY: Elsevier.

Ceci, S. J., & Kanaya, T. (2010). "Apples and oranges are both round":

Furthering the discussion on the Flynn effect. *Journal of Psychoeducational Assessment, 28,* 469–473.

Cherniss, C. (2010). Emotional intelligence: Toward clarification of a concept. *Industrial and Organizational Psychology, 3,* 110–126.

Cherniss, C., Extein, M., Goleman, D., & Weissberg, R. P. (2006). Emotional intelligence: What does the research really indicate? *Educational Psychologist, 41,* 239–245.

Churchill, W. (1944). *Onwards to victory.* London, UK: Cassell.

Cianciolo, A. T., & Sternberg, R. J. (2004). *Intelligence: A brief history.* Malden, MA: Blackwell.

Ciarrochi, J. V., Chan, A. Y., & Caputi, P. (2000). A critical evaluation of the emotional intelligence construct. *Personality and Individual Differences, 28,* 539–561.

Cole, J. C., & Randall, M. K. (2003). Comparing the cognitive ability models of Spearman, Horn and Cattell, and Carroll. *Journal of Psychoeducational Assessment, 21,* 160–179. doi: 10.1177/073428290302100204

Coleman, L. J., & Cross, T. L. (2001). Being gifted in school: An introduction to education, guidance, and teaching: Book review. *Gifted Child Quarterly, 45,* 65–67.

Colom, R., Lluis-Font, J. M., & Andres-Pueyo, A. (2005). The generational intelligence gains are caused by decreasing variance in the lower half of the distribution: Supporting evidence for the nutrition hypothesis. *Intelligence, 33,* 83–91.

D'Amico, A., Cardaci, M., Di Nuovo, S., & Naglieri, J. A. (2012). Differences in achievement not in intelligence in the north and south of Italy: Comments on Lynn (2010a, 2010b). *Learning and Individual Differences, 22,* 128–132.

Darwin, C. (1985). *The origin of species by means of natural selection; or, the preservation of favoured races in the struggle for life.* New York, NY: Penguin. (Original work published 1859)

Das, J. P. (2002). A better look at intelligence. *Current Directions in Psychological Science, 11,* 28–33.

Das, J. P., Kirby, J. R., & Jarman, R. F. (1975). Simultaneous and successive syntheses: An alternative model for cognitive abilities. *Psychological Bulletin, 82,* 87–103.

Das, J. P., Naglieri, J. A., & Kirby, J. R. (1994). *Assessment of cognitive pro-*

*cesses: The PASS theory of intelligence.* Boston, MA: Allyn & Bacon.

Deary, I. J., Penke, L., & Johnson, W. (2010). The neuroscience of human intelligence differences. *Nature Reviews: Neuroscience, 11,* 201–211.

Deary, I. J., Whalley, L. J., & Starr, J. M. (2009). *A lifetime of intelligence: Follow-up studies of the Scottish Mental Surveys of 1932 and 1947.* Washington, DC: American Psychological Association.

Decker, J. R., Eckes, S. E., & Plucker, J. (2010). Charter schools designed for gifted and talented students: Legal and policy issues and considerations. *Education Law Reporter, 259*(1), 1–18.

Deiner, C. I., & Dweck, C. S. (1978). An analysis of learned helplessness: Continuous changes in performance, strategy and achievement cognitions following failure. *Journal of Personality and Social Psychology, 36,* 451–462.

Deiner, C. I., & Dweck, C. S. (1980). An analysis of learned helplessness: (II) The processing of success. *Journal of Personality and Social Psychology, 39,* 940–952.

Delisle, J. R., & Renzulli, J. S. (1982). The revolving door identification and programming model: Correlates of creative production. *Gifted Child Quarterly, 26,* 89–95.

Devlin, B., Fienberg, S. E., Resnick, D. P., & Roeder, K. (Eds.). (1997). *Intelligence, genes, and success: Scientists respond to* The Bell Curve. New York, NY: Springer-Verlag.

Diamond, J. M. (1999). *Guns, germs, and steel: The fates of human societies.* New York, NY: W. W. Norton.

Dickens, W. T., & Flynn, J. R. (2001). Heritability estimates versus large environmental effects: The IQ paradox resolved. *Psychological Bulletin, 108,* 346–369.

Dweck, C. S. (1975). The role of expectations and attributions in the alleviation of learned helplessness. *Journal of Personality and Social Psychology, 31,* 674–685.

Dweck, C. S. (1999). *Self-theories: Their role in motivation, personality and development.* Philadelphia, PA: Psychology Press.

Dweck, C. S. (2007). *Mindset: The new psychology of success.* New York, NY: Ballantine.

Eckes, S. E., & Plucker, J. A. (2005). Charter schools and gifted education: Legal obligations. *Journal of Law and Education, 34,* 421–436.

Edwards, A. J. (1994). Wechsler, David (1896–1981). In R. J. Sternberg

(Ed.), *Encyclopedia of intelligence* (Vol. 1, pp. 1134–1136). New York, NY: Macmillan.

Ericsson, K. A., & Kintsch, W. (1995). Long-term working memory. *Psychological Review, 102*, 211–245.

Eysenck, H. J. (1979). *The structure and measurement of intelligence.* New York, NY: Springer-Verlag.

Fancher, R. E. (1983). Biographical origins of Francis Galton's psychology. *Isis, 74*, 227–233.

Fancher, R. E. (1985). *The intelligence men: Makers of the IQ controversy.* New York, NY: W. W. Norton.

Fancher, R. E. (1998). Biography and psychodynamic theory: Some lessons from the life of Francis Galton. *History of Psychology, 1*, 99–115.

Feldhusen, J. F. (1998). A conception of talent and talent development. In R. C. Friedman & K. B. Rogers (Eds.), *Talent in context: Historical and social perspectives on giftedness* (pp. 193–209). Washington, DC: American Psychological Association.

Fletcher, J. M., Stuebing, K. K., & Hughes, L. C. (2010). IQ scores should be corrected for the Flynn effect in high-stakes decisions. *Journal of Psychoeducational Assessment, 28*, 441–447.

Flynn, J. R. (1984). The mean IQ of Americans: Massive gains 1932 to 1978. *Psychological Bulletin, 95*, 29–51.

Flynn, J. R. (1987). Massive IQ gains in 14 nations: What IQ tests really measure. *Psychological Bulletin, 101*, 171–191.

Flynn, J. R. (1998). IQ gains over time: Toward finding the causes. In U. Neisser (Ed.), *The rising curve: Long-term gains in IQ and related measures* (pp. 25–66). Washington, DC: American Psychological Association.

Flynn, J. R. (1999). Searching for justice: The discovery of IQ gains over time. *American Psychologist, 54*, 5–20.

Flynn, J. R. (2006). Tethering the elephant: Capital cases, IQ, and the Flynn Effect. *Psychology, Public Policy, and Law, 12*, 170–189.

Flynn, J. R. (2007). *What is intelligence?* New York, NY: Cambridge University Press.

Flynn, J. R. (2009). *What is intelligence?* (Expanded ed.). New York, NY: Cambridge University Press.

Flynn, J. R. (2010). Problems with IQ gains: The huge vocabulary gap.

*Journal of Psychoeducational Assessment, 28,* 412–433.

Flynn, J. R., & Weiss, L. G. (2007). American IQ gains from 1932 to 2002: The WISC subtests and educational progress. *International Journal of Testing, 7,* 209–224.

Forrest, D. W. (1974). *Francis Galton: The life and work of a Victorian genius.* London, UK: Elek.

Frederickson, N., Petrides, K. V., & Simmonds, E. (2012). Trait emotional intelligence as a predictor of socioemotional outcomes in early adolescence. *Personality and Individual Differences, 52,* 323–328.

Fuchs-Beauchamp, K. D., Karnes, M. B., & Johnson, L. J. (1993). Creativity and intelligence in preschoolers. *Gifted Child Quarterly, 37,* 113–117.

Gagné, F. (1993). Constructs and models pertaining to exceptional human abilities. In K. A. Heller, F. J. Mönks, & A. H. Passow (Eds.), *International handbook of research and development of giftedness and talent* (pp. 69–87). New York, NY: Pergamon Press.

Gagné, F. (1998). The prevalence of gifted, talented, and multitalented individuals: Estimates from peer and teacher nominations. In R. C. Friedman & K. B. Rogers (Eds.), *Talent in context: Historical and social perspectives on giftedness* (pp. 101–126). Washington, DC: American Psychological Association.

Gagné, F. (2000). Understanding the complex choreography of talent development through DMGT-based analysis. In K. A. Heller, F. J. Mönks, R. J. Sternberg, & R. F. Subotnik (Eds.), *International handbook of giftedness and talent* (2nd ed., pp. 67–80). New York, NY: Pergamon.

Gagné, F. (2005). From gifts to talents: The DMGT as a developmental model. In R. J. Sternberg & J. E. Davidson (Eds.), *Conceptions of giftedness* (2nd ed., pp. 98–119). New York, NY: Cambridge University Press.

Galton, E. (1840, October 23). (Letter to Francis Galton). Galton Archives File 105.

Galton, F. (1851, December 15). Mr. Galton's expedition in southern Africa. *The Times,* 5f.

Galton, F. (1853a). *Tropical South Africa.* London, UK: John Murray.

Galton, F. (1853b). Remarks on presentation of RGS gold medal. *Journal of the Royal Geographical Society, 23,* lviii–lxi.

Galton, F. (1861a). Meteorological charts. *Philosophical Magazine, 22,* 34–35.

Galton, F. (1861b). Zanzibar. *Mission Field, 6,* 121–130.

Galton, F. (1865). Hereditary talent and character. *Macmillan's Magazine, 12,* 157–166, 318–327.

Galton, F. (1869). *Hereditary genius: An inquiry into its laws and consequences.* London, UK: Macmillan.

Galton, F. (1873). Hereditary improvement. *Frasier's Magazine, 7,* 116–130.

Galton, F. (1874). *English men of science: Their nature and nurture.* London, UK: Macmillan.

Galton, F. (1875). The history of twins, as a criterion of the relative powers of nature and nurture. *Frasier's Magazine, 12,* 566–576.

Galton, F. (1883). *Inquiries into human faculty and its development.* London, UK: Macmillan.

Galton, F. (1884). *Hereditary genius.* New York, NY: D. Appleton.

Galton, F. (1885a). On the anthropometric laboratory at the late International Health Exhibition. *Journal of the Anthropological Institute, 14,* 205–218.

Galton, F. (1885b). Some results of the anthropometric laboratory. *Journal of the Anthropological Institute, 14,* 275–287.

Galton, F. (1892). *Hereditary genius: An inquiry into its laws and consequences* (2nd ed.). London: Macmillan.

Galton, F. (1894). *Natural inheritance* (5th ed.). New York, NY: Macmillan.

Gardner, H. (1983). *Frames of mind: The theory of multiple intelligences.* New York, NY: Basic Books.

Gardner, H. (1993). *Creating minds: An anatomy of creativity seen through the lives of Freud, Einstein, Picasso, Stravinsky, Eliot, Graham, and Gandhi.* New York, NY: Basic Books.

Gardner, H. (1995). Reflections on multiple intelligences: Myths and messages. *Phi Delta Kappan, 77,* 200–209.

Gardner, H. (1999). *Intelligence reframed: Multiple intelligences for the 21st century.* New York, NY: Basic Books.

Gardner, H. (2006). *Multiple intelligences: New horizons in theory and practice.* New York, NY: Basic Books.

Getzels, J. W., & Jackson, P. W. (1962). *Creativity and intelligence:*

*Explorations with gifted students*. New York, NY: Wiley.

Goddard, H. H. (1908a). The Binet and Simon tests of intellectual capacity. *Training School Bulletin, 5*, 3–9.

Goddard, H. H. (1908b). The grading of backward children. *Training School Bulletin, 5*, 12–14.

Goddard, H. H. (1910). Four hundred feeble-minded children classified by the Binet method. *Journal of Psycho-Asthenics, 15*, 17–30.

Goddard, H. H. (1912a). *The Kallikak family: A study in the heredity of feeble-mindedness*. New York, NY: Macmillan.

Goddard, H. H. (1912b). Feeble-mindedness and immigration. *Training School Bulletin, 9*, 91–94.

Goddard, H. H. (1914). *Feeble-mindedness: Its causes and consequences*. New York, NY: Macmillan.

Goddard, H. H. (1917). Mental tests and the immigrant. *Journal of Delinquency, 2*, 243–277.

Goddard, H. H. (1920). *Human efficiency and levels of intelligence*. Princeton, NJ: Princeton University Press.

Goddard, H. H. (1927). Who is a moron? *Scientific Monthly, 24*(1), 41–46.

Goddard, H. H. (1928). Feeble-mindedness: A question of definition. *Journal of Psycho-Asthenics, 33*, 219–227.

Gottfredson, L. S. (1997). Mainstream science on intelligence: An editorial with 52 signatories, history, and bibliography. *Intelligence, 24*, 13–23.

Gottfredson, L. S., et al. (1994, December 13). Mainstream science on intelligence. *Wall Street Journal*.

Gould, S. J. (1981). *The mismeasure of man*. New York, NY: W. W. Norton.

Grigorenko, E. L., Wenzel Geissler, P., Prince, R., Okatcha, F., Nokes, C., Kenny, D. A., . . . Sternberg, R. J. (2001). The organisation of Luo conceptions of intelligence: A study of implicit theories in a Kenyan village. *International Journal of Behavioral Development, 25*, 367–378.

Gubbins, E. J. (1982). *Revolving door identification model: Characteristics of talent pool students*. Unpublished doctoral dissertation, The University of Connecticut, Storrs.

Guilford, J. P. (1950). Creativity. *American Psychologist, 5*, 444–544.

Guilford, J. P. (1967). *The nature of human intelligence*. New York, NY:

McGraw-Hill.

Hagan, L. D., Drogin, E. Y., & Guilmette, T. J. (2010). IQ scores should not be adjusted for the Flynn effect in capital punishment cases. *Journal of Psychoeducational Assessment, 28*, 474–476.

Hall, K. M., Irwin, M. M., Bowman, K. A., Frankenberger, W., & Jewett, D. C. (2005). Illicit use of prescribed stimulant medication among college students. *Journal of American College Health, 53*(4), 167–174.

Hayes, J. R. (1989). Cognitive processes in creativity. In J. A. Glover, R. R. Ronning, & C. R. Reynolds (Eds.), *Handbook of creativity* (pp. 135–145). New York, NY: Plenum Press.

Henmon, V. A. C. (1969). Intelligence and its measurement. In L. E. Tyler (Ed.), *Intelligence: Some recurring issues. An enduring problem in psychology* (pp. 16–18). New York, NY: Van Nostrand Reinhold. (Original work published 1912)

Herrnstein, R. J., & Murray, C. A. (1994). *The bell curve: Intelligence and class structure in American life*. New York, NY: Free Press.

Hertzog, C., & Schaie, K. W. (1986). Stability and change in adult intelligence: I. Analysis of longitudinal covariance structures. *Psychology and Aging, 1*, 159–171.

Hollingworth, L. S. (1942). *Children above 180 IQ Stanford-Binet: Origin and development*. Yonkers-on-Hudson, NY: World Book.

Horn, J. L. (1967). Intelligence: Why it grows, why it declines. *Transaction*, 23–31.

Horn, J. L. (1970). Organization of data on life-span development of human abilities. In L. R. Goulet & P. B. Baltes (Eds.), *Life-span developmental psychology: Research and theory*. New York, NY: Academic Press.

Horn, J. L. (1976). Human abilities: A review of research and theory in the early 1970s. *Annual Review of Psychology, 27*, 437–485. doi: 10.1146/annurev.ps.27.020176.002253

Horn, J. L. (1998). A basis for research on age differences in cognitive abilities. In J. J. McArdle & R. Woodcock (Eds.), *Human cognitive abilities in theory and practice* (pp. 57–92). Mahwah, NJ: Erlbaum.

Horn, J. L., & Cattell, R. B. (1966a). Refinement and test of the theory of fluid and crystallized general intelligences. *Journal of Educational Psychology, 57*, 253–270.

Horn, J. L., & Cattell, R. B. (1966b). Age differences in primary mental ability factors. *Journal of Gerontology, 21,* 210–220.

Horn, J. L., & Cattell, R. B. (1967). Age differences in fluid and crystallized intelligence. *Acta Psychologica, 26,* 107–129.

Horn, J. L., & Donaldson, G. (1976). On the myth of intellectual decline in adulthood. *American Psychologist, 31,* 701–719. doi: 10.1037/0003-066X.31.10.701

Horn, J. L., Donaldson, G., & Engstrom, R. (1981). Apprehension, memory, and fluid intelligence decline in adulthood. *Research on Aging, 3,* 33–84. doi: 10.1177/016402758131002

Horn, J. L., & McArdle, J. J. (2007). In R. Cudeck & R. C. MacCallum (Eds.), *Factor analysis at 100: Historical developments and future directions* (pp. 205–248). Mahwah, NJ: Lawrence Erlbaum.

Horn, J. L., & Noll, J. (1997). Human cognitive capabilities: Gf-Gc theory. In D. P. Flanagan, J. L. Genshaft, & P. L Harrison (Eds.), *Beyond traditional intellectual assessment: Contemporary and emerging theories, tests, and issues* (pp. 53–91). New York, NY: Guilford Press.

Hunt, E. (2011). *Human intelligence.* New York, NY: Cambridge University Press.

Hunt, E. (2012). What makes nations intelligent? *Perspectives in Psychological Science, 7,* 284–306.

Hyatt, S. (1997). Shared history of shame: Sweden's four-decade policy of forced sterilization and the Eugenics Movement in the United States. *Indiana International & Comparative Law Review, 8,* 475.

Jauk, E., Benedek, M., Dunst, B., & Neubauer, A. C. (2013). The relationship between intelligence and creativity: New support for the threshold hypothesis by means of empirical breakpoint detection. *Intelligence, 41,* 212–221.

Jensen, A. R. (1979). *Bias in mental testing.* New York, NY: Free Press.

Jensen, A. R. (1980). *Bias in mental testing.* London, UK: Methuen.

Jensen, A. R. (1994). Spearman, Charles Edward. In R. J. Sternberg (Ed.), *Encyclopedia of intelligence* (Vol. 1, pp. 1007–1014). New York, NY: Macmillan.

Jensen, A. R. (1998). *The g factor: The science of mental ability.* Westport, CT: Praeger.

Johnsen, S. (1999). Renzulli's model: Needed research. *Journal for the Education of the Gifted, 23,* 102–116.

Joseph, D. L., & Newman, D. A. (2010). Emotional intelligence: An integrative meta-analysis and cascading model. *Journal of Applied Psychology, 95*, 54–78.

Kamin, L. J. (1974). *The science and politics of IQ.* Potomac, MD: Lawrence Erlbaum.

Kanaya, T., Scullin, M. H., & Ceci, S. J. (2003). The Flynn effect and U.S. policies: The impact of rising IQ scores on American society via mental retardation diagnoses. *American Psychologist, 58*, 1–13.

Karnes, F. A., & Bean, S. M. (Eds.). (2001). *Methods and materials for teaching the gifted.* Waco, TX: Prufrock Press.

Kaufman, A. S. (1990). *Assessing adolescent and adult intelligence.* Boston, MA: Allyn & Bacon.

Kaufman, A. S. (2009). *IQ testing 101.* New York, NY: Springer.

Kaufman, A. S. (2010). "In what way are apples and oranges alike?" A critique of Flynn's interpretation of the Flynn Effect. *Journal of Psychoeducational Assessment, 28*, 382–398.

Kaufman, A. S., & Kaufman, N. L. (1993). *Kaufman Adolescent and Adult Intelligence Test (KAIT).* Circle Pines, MN: American Guidance Service.

Kaufman, A. S., & Kaufman, N. L. (2004). *The Kaufman Assessment Battery for Children* (2nd ed.). Circle Pines, MN: American Guidance Service.

Kaufman, A. S., & Weiss, L. G. (2010). Guest editors' introduction to the special issue of *JPA* on the Flynn effect. *Journal of Psychoeducational Assessment, 28*, 379–381.

Kaufman, S. B., Reynolds, M. R., Liu, X., Kaufman, A. S., & McGrew, K. S. (2012). Are cognitive *g* and academic achievement *g* one and the same *g*? An exploration on the Woodcock–Johnson and Kaufman tests. *Intelligence, 40*, 123–138. doi: 10.1016/j.intell.2012.01.009

Keith, T. Z., & Reynolds, M. R. (2010). Cattell–Horn–Carroll abilities and cognitive tests: What we've learned from 20 years of research. *Psychology in the Schools, 47*, 635–650.

Kerr, B. & Erb, C. (1991). Career counseling with academically talented students: Effects of a value-based intervention. *Journal of Counseling Psychology, 38*, 309–314.

Keyes, D. (1966). *Flowers for Algernon.* New York, NY: Bantam.

Kim, K. H. (2005). Can only intelligent people be creative? *Journal of*

*Secondary Gifted Education, 16,* 57–66.

Kitano, M. K. (1999). Bringing clarity to "This thing called giftedness": A response to Dr. Renzulli. *Journal for the Education of the Gifted, 23,* 87–101.

Kris, E. (1952). *Psychoanalytic exploration of art.* New York, NY: International Universities Press.

Kuhn, T. S. (1962/2012). *The structure of scientific revolutions* (4th ed.), Chicago, IL: University of Chicago Press.

Larson, G. (1994). Armed services vocational aptitude battery. In R. J. Sternberg (Ed.), *Encyclopedia of intelligence* (Vol. 1, pp. 121–124). New York, NY: Macmillan.

Legree, P. J., Pifer, M. E., & Grafton, F. C. (1996). Correlations among cognitive abilities are lower for high ability groups. *Intelligence, 23,* 54–57.

Lim, W., Plucker, J., & Im, K. (2002). We are more alike than we think we are: Implicit theories of intelligence with a Korean sample. *Intelligence, 20,* 185–208.

Lohman, D. F. (2005). Review of Naglieri and Ford (2003): Does the Naglieri Nonverbal Ability Test identify equal proportions of high-scoring White, Black, and Hispanic students? *Gifted Child Quarterly, 49,* 19–28.

Lohman, D. F., & Gambrell, J. L. (2012). Using nonverbal tests to help identify academically talented children. *Journal of Psychoeducational Assessment, 30,* 25–44.

Lubinski, D., & Benbow, C. P. (2006). Study of mathematically precocious youth after 35 years: Uncovering antecedents for the development of math-science expertise. *Perspectives on Psychological Science, 1,* 316–345.

Luria, A. R. (1973). *The working brain.* New York, NY: Basic Books.

Lynn, R., & Harvey, J. (2008). The decline of the world's IQ. *Intelligence, 36,* 112–120.

MacKinnon, D. W. (1965). Personality and the realization of creative potential. *American Psychologist, 20,* 273–281.

Mackintosh, N. J. (1995). *Cyril Burt: Fraud or framed?* New York, NY: Oxford University Press.

Mackintosh, N. J. (2011). *IQ and human intelligence* (2nd ed.). Oxford, NY: Oxford University Press.

Mandelman, S. D., & Grigorenko, E. L. (2011). Intelligence: Genes, environments, and their interactions. In R. J. Sternberg & S. B. Kaufman (Eds.), *The Cambridge handbook of intelligence* (pp. 85–106). New York, NY: Cambridge University Press.

Marland, S. (1972). *Education of the gifted and talented* (Report to the Congress of the United States by the U.S. Commissioner of Education). Washington, DC: U.S. Government Printing Office.

Matthews, G., Zeidner, M., & Roberts, R. D. (2012). *Emotional intelligence 101*. New York, NY: Springer Publishing Company.

Mayer, J. D., Caruso, D. R., & Salovey, P. (2000). Emotional intelligence meets traditional standards for an intelligence. *Intelligence, 27*, 267–298.

Mayer, J. D., & Salovey, P. (1997). What is emotional intelligence? In P. Salovey & D. Sluyter (Eds.), *Emotional development and emotional intelligence: Implications for educators* (pp. 3–31). New York, NY: Basic Books.

McArdle, J. J., Ferrer-Caja, E., Hamagami, F., & Woodcock, R. W. (2002). Comparative longitudinal structural analyses of the growth and decline of multiple intellectual abilities over the life span. *Developmental Psychology, 38*, 115–142. doi: 10.1037/0012-1649.38.1.115

McArdle, J. J., Hamagami, F., Meredith, W., & Bradway, K. P. (2000). Modeling the dynamic hypotheses of *gf-gc* theory using longitudinal life-span data. *Learning and Individual Differences, 12*, 53–79.

McGrew, K. S. (1997). Analysis of the major intelligence batteries according to a proposed comprehensive *Gf-Gc* framework. In D. P. Flanagan, J. L. Genshaft, & P. L. Harrison (Eds.), *Contemporary intellectual assessment: Theories, tests, and issues* (pp. 151–179). New York, NY: Guilford Press.

McGrew, K. S. (2010). The Flynn effect and its critics: Rusty linchpins and "Lookin' for *g* and *Gf* in some of the wrong places." *Journal of Psychoeducational Assessment, 28*, 448–468.

McGuire, F. (1994). Army alpha and beta tests of intelligence. In R. J. Sternberg (Ed.), *Encyclopedia of intelligence* (Vol. 1, pp. 125–129). New York, NY: Macmillan.

Meaney, M. J. (2001). Nature, nurture, and the disunity of knowledge.

*Annals of the New York Academy of Sciences, 935,* 50–61.

Meeker, M. N. (1969). *The structure of intellect: Its interpretation and uses.* Columbus, OH: Merrill.

Mercer, J. R. (1973). *Labeling the mentally retarded.* Berkeley, CA: University of California Press.

Milgram, R. M., & Hong, E. (1999). Multipotential abilities and vocational interests in gifted adolescents: Fact or fiction? *International Journal of Psychology, 34,* 81–93.

Mönks, F. J., & Mason, E. J. (1993). Developmental theories and giftedness. In K. A. Heller, F. J. Mönks, & A. H. Passow (Eds.), *International handbook of research and development of giftedness and talent* (pp. 89–101). New York, NY: Pergamon Press.

Moon, S. M., Kelly, K. R., & Feldhusen, J. F. (1997). Specialized counseling services for gifted youth and their families: A needs assessment. *Gifted Child Quarterly, 41,* 16–25.

Naglieri, J. A., & Das, J. P. (1997). *Das-Naglieri Cognitive Assessment System.* Itasca, IL: Riverside Publishing.

Naglieri, J. A., & Ford, D. Y. (2003). Addressing underrepresentaion of gifted minority children using the Naglieri Nonverbal Ability Test (NNAT). *Gifted Child Quarterly, 47,* 155–160.

Naglieri, J. A., & Ford, D. Y. (2005). Increasing minority children's participation in gifted classes using the NNAT: A response to Lohman. *Gifted Child Quarterly, 49,* 29–36.

Naglieri, J. A., & Ford, D. Y. (in press). Myths propagated about the Naglieri Nonverbal Ability Test: A commentary of concerns and disagreements. *Gifted Child Quarterly.*

Naglieri, J. A., & Kaufman, J. C. (2001). Understanding intelligence, giftedness and creativity using the PASS theory. *Roeper Review, 23,* 151–164.

Naglieri, J. A., & Otero, T. M. (2011). Cognitive Assessment System: Redefining intelligence from a neuropsychological perspective. In A. S. Davis (Ed.), *Handbook of pediatric neuropsychology* (pp. 320–333). New York, NY: Springer Publishing Company.

Naglieri, J. A., Rojahn, J., & Matto, H. C. (2007). Hispanic and non-Hispanic children's perfomance on PASS cognitive processes and achievement. *Intelligence, 35,* 568–579.

National Human Genome Research Institute (NHGRI). (2003, April

14). *International consortium completes Human Genome Project.* http://www.genome.gov/11006929

Nisbett, R. E. (2009). *Intelligence and how to get it.* New York, NY: Norton.

Nisbett, R. E., Aronson, J., Blair, C., Dickens, W., Flynn, J., Halpern, D. F., & Turkheimer, E. (2012). Intelligence: New findings and theoretical developments. *American Psychologist, 67,* 130–159.

Office of Educational Research and Improvement. (1993). *National excellence: A case for developing America's talents.* Washington, DC: U.S. Department of Education.

Olszewski-Kubilius, P. (1999). A critique of Renzulli's theory into practice models for gifted learners. *Journal for the Education of the Gifted, 23,* 55–66.

Oxford English Dictionary. (2011, June). retard, v. OED Online. Retrieved August 3, 2011, from http://www.oed.com.ezproxy.tcu.edu/view/Entry/164180?rskey=IMXSVk&result=2&isAadvanced=false

Park, G., Lubinski, D., & Benbow, C. P. (2007). Contrasting intellectual patterns for creativity in the arts and sciences: Tracking intellectually precocious youth over 25 years. *Psychological Science, 18,* 948–952.

Park, G., Lubinski, D., & Benbow, C. P. (2008). Ability differences among people who have commensurate degrees matter for scientific creativity. *Psychological Science, 19,* 957–961.

Passow, A. H. (1979). A look around and a look ahead. In A. H. Passow (Ed.), *The gifted and talented: Their education and development, the 78th yearbook of the National Society for the Study of Education* (pp. 447–451). Chicago, IL: NSSE.

Passow, A. H., & Rudnitski, R. A. (1993). *State policies regarding education of the gifted as reflected in legislation and regulation* [Collaborative Research Study CRS93302]. Storrs, CT: National Research Center on the Gifted and Talented.

Petrides, K. V. (2011). Ability and trait emotional intelligence. In T. Chamorro-Premuzic, A. Furnham, & S. von Stumm (Eds.), *The Blackwell-Wiley handbook of individual differences* (pp. 656–678). New York, NY: Wiley.

Petrides, K. V., & Furnham, A. (2003). Trait emotional intelligence: Behavioural validation in two studies of emotion recognition and reactivity to mood induction. *European Journal of Personality, 17,* 39–57.

Pintner, R. (1969). Intelligence and its measurement. In L. E. Tyler (Ed.), *Intelligence: Some recurring issues. An enduring problem in psychology* (pp. 13–14). New York, NY: Van Nostrand Reinhold Company. (Original work published 1912)

Plato. (1985). *Meno* (R. W. Sharples, Trans.) Chicago, IL: Bolchazy-Carducci. (Original work published ca. 390 BCE)

Plucker, J. (2000). Flip sides of the same coin or marching to the beat of different drummers? A response to Pyryt. *Gifted Child Quarterly*, 44, 193–195.

Plucker, J. (2008). Gifted education. In C. J. Russo (Ed.), *Encyclopedia of education law* (pp. 380–382). Thousand Oaks, CA: Sage.

Plucker, J., & Barab, S. A. (2005). The importance of contexts in theories of giftedness: Learning to embrace the messy joys of subjectivity. In R. J. Sternberg & J. A. Davidson (Eds.), *Conceptions of giftedness* (2nd ed., pp. 201–216). New York, NY: Cambridge University Press.

Plucker, J., Burroughs, N., & Song, R. (2010). *Mind the (other) gap! The growing excellence gap in K–12 education*. Bloomington, IN: Center for Evaluation and Education Policy.

Plucker, J., & Callahan, C. M. (Eds.). (2008). *Critical issues and practices in gifted education: What the research says*. Waco, TX: Prufrock Press.

Plucker, J., & Callahan, C. M. (Eds.). (2013). *Critical issues and practices in gifted education: What the research says* (2nd ed.). Waco, TX: Prufrock Press.

Plucker, J., Callahan, C. M., & Tomchin, E. M. (1996). Wherefore art thou, multiple intelligences? Alternative assessments for identifying talent in ethnically diverse and economically disadvantaged students. *Gifted Child Quarterly*, 40, 81–92.

Plucker, J. A., Beghetto, R. A., & Dow, G. T. (2004). Why isn't creativity more important to educational psychologists? Potentials, pitfalls, and future directions in creativity research. *Educational Psychologist*, 39, 83–96.

Preckel, F., Holling, H., & Wiese, M. (2006). Relationship of intelligence and creativity in gifted and non-gifted students: An investigation of threshold theory. *Personality and Individual Differences*, 40, 159–170.

Proctor, R. (2001). What causes cancer? A political history of recent debates. In R. S. Singh, C. B. Krimbas, D. B. Paul, & J. Beatty (Eds.),

*Thinking about evolution: Historical, philosophical and political perspectives* (pp. 569–582). New York, NY: Cambridge University Press.

Pyryt, M. C. (2000). Finding "g": Easy viewing through higher order factor analysis. *Gifted Child Quarterly, 44*, 190–192.

Ramos-Ford, V., & Gardner, H. (1997). Giftedness from a multiple intelligences perspective. In N. Colangelo & G. A. David (Eds.), *Handbook of gifted education* (2nd ed.). Boston, MA: Allyn & Bacon.

Raven, J. C. (1938). *Progressive matrices*. London: Lewis.

Raven, J. C. (2000). *Raven manual research supplement 3: Neuropsychological applications*. Oxford, UK: Oxford Psychologists Press.

Renzulli, J. S. (1973). *New directions in creativity*. New York, NY: Harper & Row.

Renzulli, J. S. (1978). What makes giftedness? Reexamining a definition. *Phi Delta Kappan, 60*, 180–184, 261.

Renzulli, J. S. (1999). Reflections, perceptions, and future directions. *Journal for the Education of the Gifted, 23*, 125–146.

Renzulli, J. S. (2005). The three-ring definition of giftedness: A developmental model for promoting creative productivity. In R. J. Sternberg & J. E. Davidson (Eds.), *Conceptions of giftedness* (2nd ed., pp. 246–280). New York, NY: Cambridge University Press.

Renzulli, J. S. (Ed.). (1984). *Technical report of research studies related to the Revolving Door Identification Model* (2nd ed.). Storrs, CT: University of Connecticut Bureau of Educational Research and Service.

Renzulli, J. S. (Ed.). (1988). *Technical report of research studies related to the Revolving Door Identification Model* (2nd ed., Vol. II). Storrs, CT: University of Connecticut Bureau of Educational Research and Service.

Renzulli, J. S., & D'Souza, S. (2013). Intelligences outside the normal curve: Co-cognitive factors that contribute to the creation of social capital and leadership skills in young people. In J. A. Plucker & C. M. Callahan (Eds.), *Critical issues and practices in gifted education: What the research says* (2nd ed.). Waco, TX: Prufrock Press.

Renzulli, J. S., & Reis, S. M. (1985). *The schoolwide enrichment model: A comprehensive plan for educational excellence*. Mansfield Center, CT: Creative Learning Press.

Renzulli, J. S., & Sytsma, R. E. (2008). Intelligences outside the normal curve: Co-cognitive traits that contribute to giftedness. In J. A.

Plucker & C. M. Callahan (Eds.), *Critical issues and practices in gifted education: What the research says* (pp. 57–84). Waco, TX: Prufrock Press.

Reynolds, C. R., Niland, J., Wright, J. E., & Rosenn, M. (2010). Failure to apply the Flynn correction in death penalty litigation: Standard practice of today maybe, but certainly malpractice tomorrow. *Journal of Psychoeducational Assessment, 28,* 477–481.

Ridley, M. (2003). *Nature via nurture: Genes, experience, and what makes us human.* New York, NY: HarperCollins.

Robinson, N. M. (1997). The role of universities and colleges in educating gifted undergraduates. *Peabody Journal of Education, 72,* 217–236.

Robinson, N. M. (2005). In defense of a psychometric approach to the definition of academic giftedness: A conservative view from a die-hard liberal. In R. J. Sternberg & J. E. Davidson (Eds.), *Conceptions of giftedness* (2nd ed., pp. 280–294). New York, NY: Cambridge University Press.

Robinson, N. M., Zigler, E., & Gallagher, J. J. (2000). Two tails of the normal curve: Similarities and differences in the study of mental retardation and giftedness. *American Psychologist, 55,* 1413–1424.

Rodgers, J. L. (1998). A critique of the Flynn effect: Massive IQ gains, methodological artifacts, or both? *Intelligence, 26,* 337–356.

Rodgers, J. L., & Wanstrom, L. (2007). Identification of a Flynn effect in the NLSY: Moving from the center to the boundaries. *Intelligence, 35,* 187–196.

Rogers, A. C. (1910). The new classification (tentative) of the Feeble-Minded [Editorial]. *Journal of Psycho-Asthenics, 15,* 70.

Rosa's Law. (2010). Pub. L. No. 111–256, Stat 2781–3.

Rushton, J. P., & Jensen, A. R. (2005). Thirty years of research on race differences in cognitive ability. *Psychology, Public Policy, and Law, 11,* 235–294.

Rysiew, K. J., Shore, B. M., & Leeb, R. T. (1999). Multipotentiality, giftedness, and career choice: A review. *Journal of Counseling & Development, 77,* 423–430.

Schaie, K. W. (1994). The course of adult intellectual development. *American Psychologist, 49,* 304–313.

Schaie, K. W. (2005). *Developmental influences on adult intelligence: The*

*Seattle Longitudinal Study.* Oxford: Oxford University Press.

Schalock, R., Borthwick-Duffy, S., Bradley, V., Buntinx, W., Couldter, D., Craig, E., . . . Yeager, M. (2010). *Intellectual disability: Definition, classification, and systems of support* (11th ed.). Washington, DC: American Association on Intellectual and Developmental Disabilities.

Schalock, R. L., Luckasson, R. A., & Shogren, K. A. (2007). Perspectives: The renaming of mental retardation: Understanding the change to the term intellectual disability. *Intellectual and Developmental Disabilities, 45,* 116–124.

Schoen, J. (2001). Between choice and coercion: Women and the politics of sterilization in North Carolina, 1929–1975. *Journal of Women's History, 13,* 132–156.

Shurkin, J. (1992). *Terman's kids: The groundbreaking study of how the gifted grow up.* Boston, MA: Little, Brown.

Silver, M. G. (2003). Eugenics and compulsory sterilization laws: Providing redress for the victims of a shameful era in United States history. *George Washington Legal Review, 72,* 862.

Silverman, L. K. (2012). *Giftedness 101.* New York, NY: Springer Publishing Company.

Simons, S. B., Caruana, D. A., Zhao, M., & Dudek, S. M. (2011). Caffeine-induced synaptic potentiation in hippocampal CA2 neurons. *Nature Neuroscience, 15,* 23–25.

Simonton, D. K. (1994). *Greatness: Who makes history and why.* New York, NY: Guilford Press.

Simonton, D. K. (2009). *Genius 101.* New York, NY: Springer Publishing Company.

Sligh, A. C., Conners, F. A., & Roskos-Ewoldsen, B. (2005). Relation of creativity to fluid and crystallized intelligence. *Journal of Creative Behavior, 39,* 123–136.

Snow, R. E. (1992). Aptitude theory: Yesterday, today, and tomorrow. *Educational Psychologist, 27,* 5–32.

Spearman, C. (1904). "General intelligence," objectively determined and measured. *American Journal of Psychology, 15,* 201–293.

Spearman, C. (1923). *The nature of "intelligence" and the principles of cognition* (2nd ed.). London, UK: Macmillan.

Spearman, C. (1930). Autobiography. In C. Murchison (Ed.), *A history of psychology in autobiography* (Vol. 1, pp. 199–333). Worcester, MA:

Clark University Press.

Spearman, C., & Jones, L. W. (1950). *Human ability*. London, UK: Macmillan.

Staff, R. T., Murray, A. D., Ahearn, T. S., Mustafa, N., Fox, H. C., & Whalley, L. J. (2012). Childhood socioeconomic status and adult brain size: Childhood socioeconomic status influences adult hippocampal size. *Annals of Neurology, 71*, 653–660.

Stanley, J. C. (1980). On educating the gifted. *Educational Researcher, 9*, 8–12.

Stanley, J. C., & Benbow, C. P. (1981). Using the SAT to find intellectually talented seventh graders. *College Board Review, 122*, 2–7, 26–27.

Steen, R. G. (2009). *Human intelligence and medical illness: Assessing the Flynn effect*. New York, NY: Springer Publishing Company.

Sternberg, R. J. (1984). What should intelligence tests test? Implications of a triarchic theory of intelligence for intelligence testing. *Educational Researcher, 13*, 5–15.

Sternberg, R. J. (1988). *The triarchic mind: A new theory of human intelligence*. New York, NY: Viking.

Sternberg, R. J. (1996). *Successful intelligence: How practical and creative intelligence determine success in life*. New York, NY: Simon & Schuster.

Sternberg, R. J. (1999a). Intelligence. In M. A. Runco & S. R. Pritzker (Eds.), *Encyclopedia of creativity: Volume 2* (pp. 81–88). San Diego, CA: Academic Press.

Sternberg, R. J. (1999b). The theory of successful intelligence. *Review of General Psychology, 3*, 292–316.

Sternberg, R. J. (2010). The Flynn effect: So what? *Journal of Psychoeducational Assessment, 28*(5), 434–440.

Sternberg, R. J. (2011a). From intelligence to leadership: A brief intellectual autobiography. *Gifted Child Quarterly, 55*, 309–312. doi: 10.1177/0016986211421872

Sternberg, R. J. (2011b). The theory of successful intelligence. In R. J. Sternberg & S. B. Kaufman (Eds.), *The Cambridge handbook of intelligence* (pp. 504–527). New York, NY: Cambridge University Press.

Sternberg, R. J., & Davidson, J. E. (Eds.). (1986). *Conceptions of giftedness*. New York, NY: Cambridge University Press.

Sternberg, R. J., & Kaufman, S. B. (2012). Trends in intelligence research. *Intelligence, 40,* 235–236.

Sternberg, R. J., Lautrey, J., & Lubart, T. I. (2003). *Models of intelligence: International perspectives.* Washington, DC: American Psychological Association.

Sternberg, R. J., & Lubart, T. I. (1995). *Defying the crowd.* New York, NY: Free Press.

Sternberg, R. J., & O'Hara, L. A. (1999). Creativity and intelligence. In R. J. Sternberg (Ed.), *Handbook of creativity* (pp. 251–272). New York, NY: Cambridge University Press.

Stevens, S. S. (1946). On the theory of scales of measurement. *Science, 103*(2684), 677–680.

Subotnik, R. F., Olszewski-Kubilius, P., & Worrell, F. C. (2011). Rethinking giftedness and gifted education: A proposed direction forward based on psychological science. *Psychological Science in the Public Interest, 12,* 3–54.

Subotnik, R. F., Olszewski-Kubilius, P., & Worrell, F. C. (2012). A proposed direction forward for gifted education based on psychological science. *Gifted Child Quarterly, 56,* 176–188. doi: 10.1177/0016986212456079

Sundet, J. M., Barlaug, D. F., & Torjussen, T. M. (2004). The end of the Flynn effect? A study of secular trends in mean intelligence scores of Norwegian conscripts during half a century. *Intelligence, 32,* 349–362.

Taub, G. E., & McGrew, K. S. (2004). A confirmatory factor analysis of Cattell–Horn–Carroll theory and cross-age invariance of the Woodcock-Johnson Tests of Cognitive Abilities III. *School Psychology Quarterly, 19,* 72–87.

Teasdale, T. W., & Owen, D. R. (2005). A long-term rise and recent decline in intelligence test performance: The Flynn effect in reverse. *Personality and Individual Differences, 39,* 837–843.

Terman, L. M. (1921). Intelligence and its measurement: A symposium. *Journal of Educational Psychology, 12*(3), 127–133.

Thomson, G. (1939). *The factorial analysis of human ability.* London, UK: University of London Press.

Thorndike, R. L. (1977). Causation of Binet IQ decrements. *Journal of Educational Measurement, 14,* 197–202.

Thorndike, R. L. (1997). *Measurement and evaluation in psychology and education* (6th ed.). Upper Saddle River, NJ: Prentice Hall.

Thurstone, L. L. (1936). A new conception of intelligence. *Educational Record, 17*, 441–450.

Thurstone, L. L. (1938). *Primary mental abilities*. Chicago, IL: University of Chicago Press.

Thurstone, L. L. (1946). Theories of intelligence. *Scientific Monthly, 62*, 101–112.

Thurstone, L. L. (1952). L. L. Thurstone [autobiography]. In G. Lindzey (Ed.), *A history of psychology in autobiography* (Vol. VI, pp. 294–321). Englewood Cliffs, NJ: Prentice Hall.

Thurstone, L. L. (1973). *The nature of intelligence*. London, UK: Routledge. (Original work published 1924)

Tigner, R. B., & Tigner, S. S. (2000). Triarchic theories of intelligence: Aristotle and Sternberg. *History of Psychology, 3*, 168–176.

Tyler, L. E. (1969). *Intelligence: Some recurring issues: An enduring problem in psychology*. Oxford, UK: Van Nostrand Reinhold.

van de Vijver, F. J. R., Mylonas, K., Pavlopoulos, V., & Georgas, J. (2003). Methodology of combining the WISC-III data sets. In J. Georgas, L. G. Weiss, F. J. R. van de Vijver, & D. H. Saklofske (Eds.), *Culture and children's intelligence: Cross-cultural analysis of the WISC-III* (pp. 265–276). San Diego, CA: Academic Press.

Visser, B. A., Ashton, M. C., & Vernon, P. A. (2006). Beyond *g*: Putting multiple intelligences theory to the test. *Intelligence, 34*, 487–502.

Wai, J., & Putallaz, M. (2011). The Flynn effect puzzle: A 30-year examination from the right tail of the ability distribution provides some missing pieces. *Intelligence, 39*, 443–455.

Waterhouse, L. (2006). Multiple intelligences, the Mozart effect, and emotional intelligence: A critical review. *Educational Psychologist, 41*, 207–225.

Watson, J. B. (1930). *Behaviorism*. Chicago, IL: University of Chicago Press.

Wechsler, D. (1939). *The measurement of adult intelligence*. Baltimore, MD: Williams & Wilkins.

Wechsler, D. (1940). Non-intellective factors in general intelligence. *Psychological Bulletin, 37*, 444–445.

Wechsler, D. (1944). *The measurement of adult intelligence* (3rd ed.).

Baltimore, MD: Williams & Wilkins.

Wechsler, D. (1949). *Manual for the Wechsler Intelligence Scale for Children (WISC)*. New York, NY: Psychological Corporation.

Wechsler, D. (1955). *Manual for the Wechsler Adult Intelligence Scale*. San Antonio, TX: The Psychological Corporation.

Wechsler, D. (1974). *Manual for the Wechsler Intelligence Scale for Children–Revised (WISC-R)*. New York, NY: Psychological Corporation.

Wechsler, D. (1991). *Manual for the Wechsler Intelligence Scale for Children–Third Edition (WISC-III)*. San Antonio, TX: Psychological Corporation.

Willis, J. O., Dumont, R., & Kaufman, A. S. (2011). Factor-analytic models of intelligence. In R. J. Sternberg & S. B. Kaufman (Eds.), *The Cambridge handbook of intelligence* (pp. 39–57). New York, NY: Cambridge University Press.

Wissler, C. (1901). The correlation of mental and physical tests. *Psychological Review Monograph Supplements, 3*(6).

Worrell, F. C., Olszewski-Kubilius, P., & Subotnik, R. F. (2012). Important issues, some rhetoric, and a few straw men: A response to comments on "Rethinking giftedness and gifted education." *Gifted Child Quarterly, 56*, 224–231. doi: 10.1177/0016086212456080

Yamamoto, K. (1964a). A further analysis of the role of creative thinking in high-school achievement. *The Journal of Psychology, 58*, 277–283.

Yamamoto, K. (1964b). Threshold of intelligence in academic achievement of highly creative students. *The Journal of Experimental Education, 32*, 401–405.

Yang, Z., Zhu, J., Pinon, M., & Wilkins, C. (2006, August). *Comparison of the Bayley III and the Bayley II*. Paper presented at the annual meeting of the American Psychological Association, New Orleans, LA.

Yerkes, R. M., & Yerkes, A. W. (1929). *The great apes: A study of anthropoid life*. New Haven, CT: Yale University Press.

Zenderland, L. (1998). *Measuring minds: Henry Herbert Goddard and the origins of American intelligence testing*. Cambridge, UK: Cambridge University Press.

Zhou, X., & Zhu, J. (2007, August). *Peeking inside the "blackbox" of Flynn Effect: Evidence from three Wechsler instruments*. Paper presented at the 115th annual convention of the American Psychological Association, San Francisco, CA.

Zhou, X., Zhu, J., & Weiss, L. G. (2010). Peeking inside the "black box" of the Flynn effect: Evidence from three Wechsler instruments. *Journal of Psychoeducational Assessment, 28*, 399–411.

# 索　引